对于家装来说，环保只能是有限的环保，而没有绝对的环保。我们所说的环保家装就是要将有害物质降到最低程度，使它不对人体产生危害

燃气灶不使用时，一定要记得关闭总闸，以免孩子独自无意中打开燃气

功率较大的白炽灯泡的吸顶灯、嵌入式灯应采用耐热绝缘护套对引入电源线加以保护

由于种种条件的制约，无论居室装修得多么豪华，人们还要靠开窗通风，否则，只有生活在污浊的空气中。从这个意义上讲，环保家居在做到建筑节能的同时，能否真正环保，还是一个没有解决的问题

在窗下尽量少放置可以攀爬的物品，以免孩子趁人不备爬到上面发生危险。为避免上述情况，在窗上加装安全锁是必要的。同时可以加装护栏。在孩子还小时，可以选用门夹装置，防止孩子夹住手脚

为了安全，严禁装设软线引至床边的床头开关

住宅电源线表前不应小于10mm²，户内分支线不小于2.5mm²。厨房、空调分支线不应小于4mm²。分支回路数不少于5回。每套住宅的空调插座与照明电源分路设计，电源插座回路设有漏电保护

自从住宅商品化以来，2.6 米层高就成为住宅的通用建筑标准。因为层高矮，热气都聚集在头部附近，必须依赖机械通风（空气清净机、通风换气扇、空调机等）来解决空气质量和室温的不适

为了儿童安全。床要远离窗子、灯具、加热器以及能爬上去的家具

高压线、微波站对人体的辐射属于电磁辐射，而石材放射性属于电离辐射。两者的共同的特点：它们都是能量流污染，人们看不见，摸不着，难以感知

电饭煲、微波炉、热水器等电器，不使用时应拔掉插头，以免孩子偶然开动。不要把电线垂在孩子可以牵拉的地方，他有可能会用力拉微波炉的电线，然后顺着把微波炉从桌子拉下来砸伤自己

对洗洁精、消毒水、杀虫剂、厨房和卫生间清洁剂等物品，要收好。警告孩子清洁用品或杀虫剂不可拿来喷着玩

对于花木，"观赏"二字极为重要，观赏是用喜爱的心情来领略其中的意境。手摸，要少，摸后要洗手。鼻闻，不可以深呼吸。花木芳香怡人，但花中的花粉及花朵上的细菌和病原微生物有可能随着呼吸而进入人体，引起疾病

一定要把冰箱的门关好。孩子也许会爬进去。让孩子远离烤箱门。因为烤箱工作时会很烫，即使停止工作，仍有一段时间会很烫。对于会爬或刚学走路的婴儿尤其危险

厨房安全错误：① 水管安装靠近电源，水管与燃气管的间距小于50mm；
② 在灶台旁挂放易燃品，如窗帘、干花、木汤匙或饰物

不可在洗涤盆和炉具旁铺设电线，同时均需安装漏电保护装置

选购玩具时，应注意其是否易于消毒和洗涤，有锐利尖点和边缘的玩具应避免为 8 岁以下儿童使用

放心家装丛书

家居的安全与环保

JIAJUDEANQUAN YUHUANBAO

张 晶 姚振学 编著

中国建筑工业出版社

图书在版编目(CIP)数据

家居的安全与环保/张晶，姚振学编著. —北京：中国建筑工业出版社，2006
(放心家装丛书)
ISBN 7-112-08283-8

Ⅰ. 家…　Ⅱ. ①张…②姚…　Ⅲ. ①家庭生活—安全—知识②家庭生活—环境保护　Ⅳ. TS975

中国版本图书馆 CIP 数据核字(2006)第 036408 号

责任编辑：费海玲
责任设计：崔兰萍
责任校对：张景秋　王金珠

放心家装丛书
家居的安全与环保
张　晶　姚振学　编著
*
中国建筑工业出版社出版、发行(北京西郊百万庄)
新华书店经销
北京天成排版公司制版
北京中科印刷有限公司印刷
*
开本：787×960 毫米　1/16　印张：12½　字数：260 千字
2006 年 7 月第一版　　2006 年 7 月第一次印刷
印数：1—3000 册　　定价：**30.00** 元
ISBN 7-112-08283-8
(14237)

本社网址：http：//www. cabp. com. cn
网上书店：http：//www. china-building. com. cn

前　言

我们没有办法生活在真空里，即使是在家里，安全的隐患、病菌总是如影随形。关于安全，关于健康，功亏一篑的事件屡屡发生。你也许做了很多防护的工作，但是你只要忽略了一个真正的死角，隐患就会伴随着灾难。

安全与环保不是这个或那个室内设计的主题，而是一种指定动作。安全与环保对于人类，不是衣服的款式，菜肴的种类，而是空气和水。关注安全与环保，不是一种家居潮流，而是一种生活态度。不只是当事人如此，还应成为全民的、长期的、全方位的关注课题。

目 录

上篇 家居安全

下篇　家居环保

上篇　家居安全

每个家庭都有很多不显眼但是又很危险的地方，它们都有机会酿成意外，但我们只要小心，就可以避免这些意外发生。

一、家居电气安全

电力是一种方便而安全的能源，家居电气安全主要是防止漏电和触电以保障家居人身的安全。

(一) 触电的危险

1. 触电的途径

根据电学原理及实际经验，我们平常应用的220V，频率为50～60Hz(赫兹)的交流电通过人体是最危险的。触电的途径是：电源→人体任何部分→大地，电流通过血液流入人体的心脏，引致窒息死亡。但是，只要上述三部分有一环断开，就不会造成触电。

人体触电时，通入人体的电流越大，相电流持续的时间越长，就越危险。其危险程度大致可以划分为三个阶段：感知—摆脱—室颤。

① 感知阶段。由于通入电流很小，人体能有感觉(一般大于0.5mA)，此时对人不构成危害。

② 摆脱阶段。指手握电极触电时，人能摆脱的最大电流值(一般大于10mA)，此电流虽有一定危险，但可以自己摆脱，所以基本也构不成致命的危险。当电流增大到一定程度，触电者将因肌肉收缩，发生痉挛导致抓紧带电体，不能自己摆脱。

③ 室颤阶段。随电流加大和触电时间延长(一般大于50mA和1s)，将导致发生心室颤动，如果不立即断开电源，将会导致死亡。

由此可以看出，心室颤动是人体触电致死的最主要原因。所以，触电的安全防护，常用不引起心室颤动，作为确定电击保护特性的依据。

2. 针对触电的安全防护

1) 没有电气知识或对电气知识一知半解的人，不要随便接触使用中有问题的电器。因为对电器的一知半解，缺乏危险意识，而引致意外触电是最多的。

功率在 100W 以上的灯具不可使用塑胶灯座，而必须采用瓷质灯座。

2）任何电源必须安装漏电保护装置。任何电器必须安装地线(E)，即使用三相插头或插座。

3）保持开关插座及电器周围干爽。不要用湿的手去接触电源或开关电器。

4）采用合格插头。尽量避免使用活动插座，若不能避免，切勿将大量插头插在活动插座上。

5）每个用电量较大的电器最好直接接驳一个电源。

6）不要用绝缘胶布将破损外露的电线包好继续使用。

7）插上电源后再开动电器，以免插头处出现火花，造成危险。

8）插头或插座摸起来发热或有烤焦迹象时，要立即检查电器。

9）每次清洁电器产品时，须先拔去插头。

10）避免让电线接触高温物体。

11）不要在操作中的电器附近使用易燃化学品。

12）不要让水渗入电器内部，以免发生危险。

13）无论因何原因停电，都应该将所有电器关掉，避免在电力供应恢复时，所有电器同时启动。

吊顶内强电严禁采用塑料管布线，并且严禁中途接线。
(图片提供：黄喜雨)

14）当电器或电线漏电起火时，切勿用水去泼。只可用厚的衣被盖住，令火熄灭。

据统计数据，大多数火灾，是由不正确使用电力和不正确使用家庭电器所致，要保障生命财产免受损失，正确和安全使用家庭电器是很必要的。

3. 触电或电击伤的救治

发生电击后必须首先切断电源，关闭开关或用绝缘物体挑开电线或电器，或用带木柄(干燥)斧头砍断电线，千万不可用手直接拉触电者。

在就地抢救的同时，尽快呼叫医务人员或向有关医疗单位求援。

对呼吸和心跳停止者，应立即进行人工呼吸和心脏胸外按压，直至呼吸和心跳恢复。

(二) 电线的安全

1. 选择电线的安全规格

家庭用电源线宜采用 BVV2×2.5 和 BVV2×4 型号的电线。BVV 是国家标准代号，为铜质护套线，2×2.5 和 2×4 分别代表 2 芯 2.5mm² 和 2 芯 4mm²。一般情况下，表前线不应小于 10mm²，户内分支线不小于 2.5mm²。厨房、空调等大功率电器分支线不应小于 4mm²，一定要从正规渠道购买达到国标的电线。

线路截面过小的后果是电线发热加剧，绝缘老化加速，易导致线间短路和接地故障，如果现有电线为截面尺寸小于 2.5mm² 的铜线或小于 4mm² 的铝线，需全部更换，否则当有大电流通过时，极易发生击穿、短路的危险，引发电气火灾和人身电击事故。而且容易出现几台空调一开就掉闸的现象，特别是买了柜机空调的用户，如果不换线，根本无法正常使用。对 1000W 以上的高容量电器(如空调、冰箱、微波炉等)，应当采用专用的回路和插座。

家庭用电源线宜采用铜质护套线，表前线不小于 10mm²，室内线不小于 2.5mm²。

同时，线路截面过小而负载电流中谐波分量过大，会使一些对谐波敏感的家用电器(例如家用电脑和某些电子设备)产生损坏或工作不正常，也能使家用电器内的电动机、变压器等发热加剧而缩短寿命，还能使电气线路上的断路器频繁跳闸，熔断器经常熔断，给家居安全构成威胁。

2. 选择安全的电线

目前，市场上的电线品种、规格多，价格乱，选择时难度很大。单就家庭装修中常用的 2.5mm² 和 4mm² 两种铜芯线的价格而言，同样规格的一盘线，因为厂家不同，价格可相差 40%～50%。至于质量优劣，长度是否达标，更是难以判定。

一捆 2.5mm^2 (长度是 100±5m) 的合格铜芯线市场售价 280 元左右，而伪劣产品的价格仅 100～130 元之间，甚至有低至 30～50 元的。电线之所以价格差异巨大，是由于生产过程中所用原材料不同造成的。生产电线的主要原材料是电解铜、绝缘材料和护套料。目前原材料市场上电解铜每吨在 2 万元左右，而回收的杂铜每吨只有 1.5 万元左右；绝缘材料和护套料的优质产品价格每吨在 8000～8500 元，而残次品的价格每吨只需 4000～5000 元，差价更悬殊。另外，长度不足，绝缘体含胶量不够，也是造成价格差异的重要原因。每盘线长度，优等品是 100±5m，而非正规产品长度 60～80m 不等；绝缘体含胶量优等品占 35%～40%，而残次品只有 15%。

选择安全的电线的方法：

1) 成卷的电线包装上有无中国电工产品认证委员会的“长城标志”和生产许可证号。

2) 电线外层塑料皮是否色泽鲜亮、质地细密，用打火机点燃应无明火。非正规产品使用再生塑料，色泽暗淡，质地疏松，能点燃明火。

3) 看长度，比价格。BVV2×2.5 正规产品每卷的长度是 100±5m，市场售价 280 元左右，非正规产品长度 60～80m 不等，价格在 100～130 元之间。

4) 看铜芯材质。正规产品电线使用精红紫铜，外层光亮而稍软，非正规产品铜质偏黑而发硬，属再生杂铜，电阻率高，导电性能差，会升温而不安全。

5) 用千分尺检测铜芯直径。通常 2×2.5 铜芯直径为 1.784mm。

6) 购电线应去交电商店或厂家门市部。

3. 电线的敷设安全

1) 电气线路采用符合防火要求的暗敷配线，导线采用绝缘铜线，表前线不应小于 10mm^2，户内分支线不小于 2.5mm^2。厨房、空调分支线不应小于 4mm^2，每套住宅的空调电源插座，与照明电源分路设计，电源插座回路设有漏电保护，分支回路数不少于 5 回。采用可靠的接地方式，并进行等电位连接。

2) 配电用保护管采用热镀锌钢管或聚氯乙烯阻燃塑料管，但吊顶内强电严禁采用塑料管布线。

3）导线耐压等级应高于线路工作电压，截面的安全电流应大于负荷电流和满足机械强度要求。

4）线路应避开热源，如必须通过时，应作隔热处理，使导线周围温度不超过 35℃。

5）线路敷设用的金属器件应作防腐处理。

6）各种明布线应水平垂直敷设。导线水平敷设时距地面不小于 2.5m，垂直敷设时不小于 1.5m，否则需加保护，防止机械损伤。

7）布线便于检修，导线与导线、管道交叉时，需套以绝缘管或作隔离处理。

8）导线应尽量减少接头。导线在连接和分支处不应受机械应力的作用。

9）导线与电器端子连接时要牢靠压实。大截面导线连接应使用与导线同种金属的接线端子。

10）导线穿墙应装过墙管，两端伸出墙面不小于 100mm。线路接地绝缘电阻不小于每伏工作电压 1000Ω。

（三）开关和插座的安全

1. 开关插座的安全鉴别

1）产品的外观标识

新国标对额定电流作了明确的规定，分 6A、10A、16A 三个级别，像 13A、15A 的非标产品都不允许上市销售，更不允许同时标有 10A、16A 的现象。另外，消费者在选插座时，还应查看一下插头和插座的标识是否一致，如果插头的额定电流数小于插座的标识数，千万不要购买，这是不合格的危险产品。再有一点，产品包装上要有详细的厂家地址、电话，只有手机号码或是没有厂址、假冒生产许可证和电工认证、ISO 9000 认证的都属于三无产品。

2）材质

外壳材料：

外壳材料对于开关插座的安全性来说非常重要，应采用电气特性优良的尿素树脂，其特点是坚固不燃，受热不会变形。但普通人较难判断，可试着在外壳材料上用指甲划道，好的材料一般质地较为坚硬，很难划伤，成型后结构严密，且分量较重。

开关触点：

一般好的开关触点有纯银和银锂合金两种。银的导电性非常好，但由于纯银熔点低、质地软，在使用中容易发生高温熔化或反复使用后变形等问题。

插座铜材件：

作为铜材，在购买时虽然无法看清楚，但对于插座来说却至关重要。判断的最简单办法就是用插头试一试插拔力度是否适中，然后用手掂一下，插座是否真的有点沉。

3）开关插座的连线方式

开关插座安全与否，这与其材质及内部电线的连接方式有着很大的关系。

常见有传统的螺钉端子和从日本引进并逐渐流行的速接端子两种，后者虽然生产较为困难，但使用更为可靠，且接线非常简单快速，即使非专业施工人员，只要简单将电线插入端子孔，连接即告完成，且绝不会脱落。与速接端子相比，螺钉端子接线质量容易受施工人员的技术水平影响，而且接线以后，在受到振动或外力拉拽时容易发生松动，造成虚接甚至脱落，后期维护困难，而且有安全隐患。

4）感观

开关手感：

手感是普通人判断开关好坏最简单的办法。好的开关一般弹簧较硬，在开关时比较有力度感，而差的开关则非常软，甚至经常发生开关手柄停在中间位置的现象。

5）插孔是否有误插问题

一般插套离得过近有插错的可能，或是多用插孔本身设计得不合理，存在三脚误插问题。

6）设计的安全考虑

插座是否带开关或保护门装置，也是开关插座设计安全性的一个体现。生活中，常常有幼童因顽皮和好奇而用手指或其他物品伸进插座中，由此发生的伤亡事故不少。为此，在插座插孔中装上两片自动滑片，只有在插头插入时，滑片才向两边滑开，露出插孔；拔出插头时，滑片闭合，堵住插孔，就可以避免事故的发生。

插座多多宜善，宁可不用，不可没有用的而使用活动插座。
(图片提供：Cap Juluca hotel)

2. 插座的安全

1) 根据房间的用途和面积以及所使用的家电制品，应合理分路和设置最适合的插座。

• 电冰箱的附接地端子或接地极的插座，要装在看得见的地方。

• 在橱柜的墙面上安装两孔和三孔的多用插座，微波炉用的要设置接地极的插座。

• 在洗衣机上方 15～20cm 处，设置附接地端子或接地极的插座，以避免淋湿。

• 阳台或卫生间内要用防水防雨插座，淋点雨水也无妨。

• 每台空调均应设置专用附加接地端子的三孔插座，对于柜式空调，还应用高容量的插座。

2) 当交流、直流或不同电压等级的插座安装在同一场所时，应有明显的区别，且必须选择不同结构、不同规格和不能互换的插座；配套的插头应按交流、直流或不同电压等级区别使用。

3) 插座接线应符合下列规定：

• 单相两孔插座，面对插座的右孔或上孔与相线连接，左孔或下孔与零线连接；单相三孔插座，面对插座的右孔与相线连接，左孔与零线连接。

• 单相三孔、三相四孔及三相五孔插座的接地(PE)或接零(PEN)线接在上孔。插座的接地端子不与零线端子连接。同一场所的三相插座，接线的相序一致。

• 接地(PE)或接零(PEN)线在插座间不串联连接。

4) 特殊情况下插座安装应符合下列规定：

• 当接插有触电危险家用电器的电源时，采用能断开电源的带开关插座，开关断开相线。

• 潮湿场所采用密封型并带保护地线触头的保护型防水防潮插座，安装高度不低于 1.5m。

• 当不采用安全型插座时，儿童活动场所安装高度不小于1.8m。

• 当插座上方有暖气管时，其间距应大于 0.2m；下方有暖气管时，其间距应大于 0.3m，不符时应移位或采取技术处理。

• 为了避免交流电源对电视信号的干扰，电视馈线线管、插座与交流电源线管、插座之间应有 0.5m 以上的距离。

• 落地插座应具有牢固可靠的保护盖板。

3. 开关的安全

严禁装设软线引至床边的床头开关。
（图片提供：Kate Mullins）

开关的数量种类无法一概而论。可以选择 1 位、2 位或多位开关，单极、双路开关，电铃开关，调光、调速开关，延时开关，等等。开关面板若采用劣质的产品，会造成开关闭合次数大大减少，影响使用寿命，长时间的使用还有可能发生触点融化，导致室内电气线路短路，影响其他电气系统的工作和威胁人身安全。

1）电器、灯具的相线应经开关控制。

2）为了保证安全和使用功能，在配电回路中的各种导线连接，均不得在开关、插座的端子处以套接压线方式连接其他支路。

3）严禁装设由软线引至床边的床头开关。

4）为了安全和使用方便，任何场所的窗，镜箱、吊柜上方，管道背后及单扇门后均不应装有控制灯具的开关。

5）潮湿场所和户外，应选用防水瓷质拉线开关或加装保护箱；在特别潮湿的场所，开关应分别采用密闭型或安装在其他场所控制。

6）开关边缘距门框边缘的距离为 0.15～0.2m，开关距地面高度 1.3m；拉线开关距地面高度 2～3m，层高小于 3m 时，拉线开关距顶棚不小于 100mm，拉线出口垂直向下。

7）并列安装的拉线开关的相邻间距不小于 20mm。

（四）家居电气配置水平指标与报装用电负荷

1. 住宅电气配置水平指标

应该说我国在家居配电中还存在很多问题，一方面，我国的标准比较低，至少比美国差四五十年，大概相当于美国 20 世纪 50 年代的用电水平。在安全性、公民性、方便性、前进性及发展性五个方面也都有比较大的差距。另一方面，一些开发商不正当压缩建设成本，致使一些住宅中的配电线路达不到国家规定的标准，存在重大的安全隐患，加上使用者缺乏必要的安全意识和配电线路常识，都对家居安全造成严重威胁。

衡量家居电气配置水平的指标有：

1）家居线路负荷

我国是个生活用电急剧增长的国家，对用电的需求越来越高。空调（一户拥有两三部空调已较常见）、电脑及一些大功率家用电器设备（如电灶、电热水系统），正逐步跃入主流家电行列。因此，家居线路负荷最好选择设计负荷不低于 5kW、电表容量为 10(40)A。

2）室内分支回路数量

室内分支回路数量是指一套家居内配电回路的总量，包括室内插座回路、照明回路、空调回路等。如果回路数量过少，当对一线路进行检修或因故跳闸时，就会导致大面积停电，不但给生活造成不便，而且会使家用电器受到损坏或带来意外伤害。

厨房必须使用独立的回路。其中大功率电器（如电烤箱等）要用 16A 插座。
（图片提供：BAGUZZ1）

理想的室内分支回路数量是 5 个回路以上（包括 5 个回路），包括照明回路、插座回路、空调回路、卫生间独立回路及厨房独立回路。但实际上，目前出售的这样配置的住宅可能不多，为确保家居安全和方便，就需要进行事后的改造，但至少也要达到包括照明回路、插座回路及空调回路在内的3个回路。

3）室内插座数量

室内插座数量是指固定在室内墙上的插座总量。如果插座数量偏少，用户不得不乱拉电线加接插座板。大多居民缺乏电气安全知识，多用双芯单层绝缘绞线来接插座板，这种电线没有护套，易因挤压损伤而破坏绝缘，又因不带接地线，使所接家用电器不能接地。加之40%的断路器、开关和插座为不符合标准的产品（据国家技术监督局公布的数据），接触压力和接触面积均不足，负荷电流稍大，插座即因接触不良而产生异常高温和电弧。因此，乱拉临时线和大量使用临时插座，在住宅内引起人身电击和电气火灾事故是屡见不鲜的。

一般来说，以两室两厅一厨一卫家居为例，插座数量不应少于22个（参见下表）。

住宅功能空间电线回路及插座推荐标准

标准室内空间等级		设备名称					
		电视插口	电话	空调专用线	电热水器专用线	电源插座	信息插口
主卧室	普通住宅	1	1	√		3组	1
	中高级住宅	1	1	√		4组	
	高级住宅	1	1	√		5组	
双人卧室	普通住宅			√		2组	
	中高级住宅	1	1	√		3组	
	高级住宅	1	1	√		4组	
单人卧室	普通住宅			√		2组	1
	中高级住宅		1	√		3组	1
	高级住宅	1	1	√		3组	1
起居室	普通住宅	1	1	√		4组	
	中高级住宅	1	1	√		5组	
	高级住宅	1	1	√		6组	1
厨房	普通住宅					3组	
	中高级住宅					4组	
	高级住宅	1	1		√	5组	
卫生间	普通住宅					3组（含洗衣机插座）	

续表

标准室内空间等级		设备名称					
		电视插口	电话	空调专用线	电热水器专用线	电源插座	信息插口
卫生间	中高级住宅				√	4 组	
	高级住宅		1		√	5 组	
餐厅	中高级住宅					1 组	
	高级住宅	1	1	√		2 组	
书房	中高级住宅		1	√		3 组	1
	高级住宅		1	√		4 组	1
其余设备	给水设备	用水量 200～300 升/人·日 热水管道系统					
	采暖通风	散热器(空调机)					

注：普通住宅相当于商品住宅性能评定中的 A 级商品住宅；
中高级住宅相当于商品住宅性能评定中的 AA 级商品住宅；
高级住宅相当于商品住宅性能评定中的 AAA 级商品住宅。

4）住宅线路导线材质及截面

导线材质有“铜”和“铝”之分，首先住宅中应使用铜导线，而且应尽量使用大截面的铜导线。如果导线截面过小，其后果是导线发热加剧，外层绝缘老化加速，易导致短路和接地故障，造成火灾和触电隐患。按照国家的有关规定，电表前铜线截面积应选择 $10mm^2$，住宅内的一般照明及插座铜线截面使用 $2.5mm^2$，而空调等大功率家用电器的铜导线截面至少应选择 $4\ mm^2$。

5）等电位连接

等电位连接就是用铜线将卫生间等场所内所有可导电部件连接起来，使它们处在同一个电位上，这样即使在有漏电的情况下也能保证人身安全。

2. 家居的报装用电负荷

家居的用电负荷是指该住宅内出现的持续一定时间的最大负荷，以千瓦(kW)表示。家居用电负荷和电度表的规格决定了家庭某一时刻的最大用电量。

20 世纪 70 年代末以前设计的住宅楼，按每平方米建筑面积 2W 标准设计供电设施，主要用于照明，两居室用户的用电量不超过 110W，三居室用户不超过 140W。

80 年代，按每平方米建筑面积 10W 标准设计供电设施，两居室用户的用电量不超过 550W，三居室用户不超过 700W。

90年代，按每平方米建筑面积25W标准设计供电设施，两居室用户的用电量不超过1400W，三居室用户不超过1700W。现行国家标准规定，一般两居室住宅用电负荷为4000W，相应的电度表规格为10(40)A，进户铜导线截面不应小于10mm²，空调用电、照明的插座、厨房和卫生间的电源插座应该分别设置独立的回路。除了空调电源插座外，其他电源插座应加装漏电保护器，卫生间应作局部等电位连接。

由上可知，住宅楼按照所建年代不同，供电容量也不同。目前，由于住户的用电容量不断增加，因此，加重了早先修建的住宅楼入户导线、开关电器的负担，熔丝容易超载烧断，或者自动空气开关经常跳闸断电。加之个别用户不遵守用电规则，用铜导线或铁丝代替熔丝，造成了导线过热，绝缘损坏，发生短路，很容易危及安全。

考虑到近期和远期用电发展，每户的用电量应按最有可能同时使用的电器最大功率总和计算。家用电器的说明书上都标有最大功率，可以根据其标注的最大功率，计算出总用电量。

目前市场上的大功率家用电器，大致分为电阻性和电感性两大类。电阻性负载的家用电器以纯电阻为负载参数，电流通过时会转换成光能、热能，如白炽灯、电水壶、电炒锅、电饭煲、电熨斗等。电感性负载的家用电器电能转变为机械能或其他形式的能量，如以电动机作动力的洗衣机、电冰箱、抽油烟机、电风扇、空调器等。

常用家用电器的容量范围大致如下：

微波炉为600～1500W；

电饭煲为500～1700W；

电磁炉为300～1800W；

电炒锅为800～2000W；

电热水器为800～2000W；

电冰箱为70～250W；

电暖器为800～2500W；

电烤箱为800～2000W；

消毒柜为600～800W；

电熨斗为500～2000W；

空调为600～5000W。

例如：某家有彩色电视机（100W）2台，空调（1500W）2台，电冰箱（250W）1台，全自动滚筒洗衣机（500W）1台，微波炉（1500W）1个，电饭煲（500W）1个，电热水器（2000W）1个，电脑（150W）1台，消毒柜（600W）1台，电暖器（1500W）1个，照明灯具功率合计为800W。则总安装负荷为：$100\times2+1500\times2+250+500+1500+500+2000+150+600+1500+800=11kW$。将11乘以一个共享系数，如0.5，则此套住宅的设计用电负荷为5.5kW。用电负荷是住宅建造好时由开发商报装的。

电度表俗称电表，是用来计量每个家庭用电量的计量工具。电度表的铭牌上的字样如5(20)A、10(40)A，表示电度表的规格。括号内的数字表示电度表允许通过的最大电流。一般来说，电度表的规格反映了住宅设计用电负荷的大小。

（五）漏电保护器

漏电保护器（漏电保护开关）是一种电气安全装置。当发生漏电和触电，且达到保护器所限定的动作电流值时，漏电保护器的作用是立即在限定的时间内自动断开电源进行保护。

(1) 在特别潮湿的地方（如淋浴房、卫生间等），因人体表皮电阻降低，触电死亡的危险大大增加，安装漏电保护器能有效地减少触电伤亡事故。

(2) 当一些电器绝缘损坏时，其外露的金属附件（如电视机、收录机的拉杆天线等）可能带危险电压，这种危险电压是不能用接地的方法消除的，只能靠安装漏电保护器，才能保证在人触电的瞬间迅速切断电路，保证人身安全。

(3) 厨房用电为一个专用回路，其上设置$I_{\Delta n}=30mA$的漏电断路器；客厅、餐厅及卧室用插座则由另一回路供电，其上亦设$I_{\Delta n}=30mA$的漏电断路器；照明、空调用回路不设置漏电保护器，原因是它们可视为固定安装设备（不含插头、床头灯等），不像电吹风、电熨斗这些时常要拔出插入的设备，使人们有发生间接接触以致触电事故的可能。如果照明、空调配电线路发生漏电，漏电电流达到300mA时，则电流总开关跳闸，防止电气火灾发生。

关于漏电保护器的安全建议

每套住宅的室内配电箱内应设置一个32～40A的电源总断路器。为防止因三相负荷不平衡导致中性线上带电可能引起的触电危害，这个总断路器，最好选用双极或可断开相线和中性的一刀二断的断路器。

每套住宅的空调用插座，普通插座及照明，应分设供电支路，每个支路应设 10～16A 的断路器。

接至普通插座的家用电器，多数为手握式，若其绝缘损坏，易引起电击伤亡事故，因此，普通家用电器所用的插座支路应设置漏电保护开关，以快速切断电源。而空调器安装较高，其插座支路亦可不装漏电开关。

配电箱内的微型断路器至关重要，如果采用没有质量保障的产品，其危险性远远大于室内任何电气产品。一旦断路器发生故障，轻则使家居用电安全得不到保障，重则将引发单元及整个小区的用电安全，甚至发生火灾。

(六) 强弱电穿管走线安全要素与等电位连接

1. 家居强弱电穿管走线安全要素

一定要穿管走线，切不可在墙上或地下开槽明铺电线后，用水泥糊死了事，给以后的故障检修带来“麻烦”。另外，一根管里最多只能走 3 根线，否则检修或换电线时，易产生过大摩擦力，造成不安全隐患。

穿管走线时，电视馈线和电话线应与电力线分开，至少要离开 50cm，这样才能避免强电对弱电信号的干扰。以免发生漏电伤人毁物，甚至火灾事故。

电气布线采用暗管铺设，导线在管道内不应有接头，强电插座和弱电插座之间的间距要大于 50cm，动力电(设备电)和照明电不能混接，严禁将导线直接埋入抹灰层。在电气施工完成后，要进行漏电开关检测，合格后方能使用。

照明电路需要的电线规格为 2.5mm^2，而空调等大功率电器要使用 4mm^2 的电线。一定要从正规渠道购买达到国标的电线。

必须使用符合“3C”认证 PVC 套线管。有些非常便宜的 PVC 套线管是用二次利用的再生材料制作的，没有弹性，易裂，阻燃性能根本不达标，或者壁厚不达标。

2. 等电位连接

卫生间(特别是浴室)是电击危险较大的场所。我们所熟知的 36V 安全电压只是保证一般情况的安全，在特殊情况时，十几伏的电压也是非常危险的。尤其是在洗澡时，人的身体是湿的，阻抗大大降低，一旦浴室的电器漏电，哪怕是很低的电压、很小的电流也会危及生命。曾有这样一个事件：一女子在家洗澡，溢出来的水流到了漏电的电线和金属落地灯上，被电死。这种情况毕竟不多，但大量电器进入卫生间，电热水器、浴盆、电热墙，以及传统的电灯……用电时都可能有漏电的危险，这时候如果浴室里作了等电位连接，各处电位相等，就可以极大地避免电的伤害。

卫浴空间是电击危险较大的场所，必须进行等电位连接。

等电位连接分为防雷等电位连接和电气安全等电位连接。其中电气安全等电位连接就是用铜线将卫生间内所有可导电部件连接起来，使它们处在同一个电位上，这样即使有漏电的情况，也能保证人身安全。等电位连接的金属导线，其实就是一根很普通的铜线，只不过浴盆、马桶等设备都设计了等电位连接端子(一个可以接线的螺钉)。

等电位连接和漏电保护器在保护人身安全方面是各司其职，不能相互代替。漏电保护器(RCD)是实用的防电击措施，但当漏电保护器因各种因素无法对电位升高进行切断时，就可通过等电位连接措施来弥补。等电位连接的作用不在于缩短保护电器的动作时间，而是降低接触电压值，某些情况下有可能将接触电压降到安全值以下。

发达国家，卫浴空间的局部等电位连接是家居电气安全的必需项目，没有作等电位连接的住宅是不会供电的。

(七) 灯具的使用安全

(1) 灯具高温部位(如灯杯、整流器等)与可燃物之间应采取隔热、散热等防火保护措施。如设绝缘隔热物，以隔绝高温，加强通风等降温散热措施。

(2) 吸顶灯电子镇流器必须安装异常状态保护装置。否则，在异常条件下，电子镇流器会立即烧坏而使灯具变得危险和不能继续使用。吸顶灯具结构设计或选用的关键零部件必须符合防触电保护的要求。

经常频繁插拔台灯电源，易导致插头和插座接触松动而发热，带来危险。
(图片提供:Myres城堡)

节能灯在高温高湿条件下很容易导致线路之间放电等现象，浴室和厨房应尽量避免使用。

(3) 功率在 100W 以上的灯具不可使用塑胶灯座，而必须采用瓷质灯座。白炽灯的灯口接线应把相线即火线接在灯口芯上。

(4) 射灯功率以小于 35W 为好，这样节电而且安全，如果将灯多分几路电则更好，这样射灯能用上三五年而无需更换，而且更安全。

(5) 有一定重量的饰物、吊灯、吊柜以及悬挂的其他对象，一定要安装牢固可靠。当吊灯灯具的重量超过 1kg 时，要采用金属链吊装且导线不可承重。

(6) 功率较大的白炽灯泡的吸顶灯、嵌入式灯应采用耐热绝缘护套对引入电源线加以保护。

(八) 电的质量问题：谐电波、瞬态过电压

1. 谐电波

家用电器中产生谐波的非线性负荷(如微波炉、电子镇流器等)日益增多，负载电流中谐波分量过大，会使一些对谐波敏感的家用电器(如家用电脑)受到损坏或工作不正常，也能使某些家用电器内的电动机、变压器等发热而缩短其寿命；它还能使电气线路上的断路器频繁跳闸，熔断器经常熔断，影响用电安全。消除谐波危害的有效措施是减少回路阻抗，国外采用较大截面线路来减少每个回路的阻抗，对此应加以借鉴。户内分支回路数量的增加，对降低住宅谐波电压，减少谐波危害也是十分有益的。

2. 瞬态过电压

瞬态过电压又叫电涌。电涌可来自电气装置外部，也可来自电气装置内的电器设备。

来自外部的电涌由雷电或电力公司的公用电网开关在电力线上产生的过电压引起。

来自内部的电涌是经常发生的，诸如来自空调、开关电源和其他一些

感性负荷的电涌。不要以为电气装置电源进线上的过电压防护器可以保护电气设备不受内部电涌的危害，实际上不能，它只能对沿电源线进入电气装置的外部电涌进行防范，因大容量的进线防护器距内部电涌发生处的距离太远。

含有微处理器的电气设备和家电行业的产品极易受到电涌的损坏，这些设备和产品包括计算机和计算机的辅助设备、传真机、电话、电视、音响、微波炉、录像机、洗衣机、烘干机和电冰箱等。在保修期内出现问题的电气产品中，有63%是由于电涌造成的。

（九）特别提示：住宅电气布线图

在入住新房屋和装修竣工时，必须向房地产商或施工方索要住宅电气布线图，图中应标明导线规格及暗线走向，最好标出不同用途的导线及零、火、地线的分布，以便对住宅电路了然于胸，踏实入住。否则，当你往墙上钉一个钉子时，都有可能因触电而危及生命。

二、电磁辐射的安全

人类一直生活在电磁环境里。地球本身就是一个大磁场，其表面的热辐射和雷电都可产生电磁辐射。此外，太阳及其他星球也自外层空间源源不断地产生电磁辐射。但天然产生的电磁辐射对人体是没有损害的，对人体构成危害，影响家居环境安全的是人工产生的电磁辐射。

19 世纪 80 年代，人们利用电磁感应原理，建立起世界上第一座发电站。从此，人类大步迈进了电磁感应的应用时代。在充分享受电磁带来的方便舒适的同时，人们也日渐感受到它的负面效应。任何带电体都有电磁辐射，当电磁辐射超过一定强度(即安全卫生标准限值)，就会产生负面效应，引起人体的不同病变和危害，这部分超过标准的电磁场强度的辐射叫电磁辐射污染。

(一) 电磁辐射与电离辐射

1. 电磁辐射

电磁辐射(Electromagnetic radiation)是指能量以电磁波的形式通过空间传播的现象。包括各种天然的和人为的电磁波干扰和有害的电磁辐射。电磁波包括长波、中波、短波、超短波和微波。

长波指频率为 100～300kHz，相应波长为 3～1km 范围内的电磁波；

中波指频率为 300kHz～3MHz，相应波长为 1km～100m 范围内的电磁波；

短波指频率为 3～30MHz，相应波长为 100～10m 范围内的电磁波；

超短波指频率为 30～300MHz，相应波长为 10～1m 范围内的电磁波；

微波指频率为 300MHz～300GHz，相应波长为 1m～1mm 范围内的电磁波。

天然电磁辐射：是某些自然现象引起的，包括雷电、火山喷发、地震、太阳黑子活动引起的磁暴、新星爆发、宇宙射线等。

人为电磁辐射：指人工制造的各种系统、电气和电子设备产生的电磁辐射，包括脉冲放电、工频交变电磁场、射频电磁辐射等。

2. **电离辐射**

所谓“电离辐射”，实质上是具有足够大的能量使被作用物质直接或间接地发生电离作用的辐射。高速的带电粒子，诸如α粒子、质子、β粒子等，能通过碰撞作用直接引起物质电离，故属于直接电离辐射；射线、光子和中子等不带电粒子是通过与物质作用时产生的次级带电粒子来引起物质电离的，因而属于间接电离辐射。由直接、间接的电离粒子，或者由两者混合而成的任何辐射，均称为电离辐射。电离辐射就是能导致物质激发和电离的辐射。所以，由环境放射性核素物的宇宙射线组成的辐射可称作环境电离辐射。

3. **高压线、微波站对人体的辐射效应同石材放射性的区别**

高压线、微波站对人体的辐射属于电磁辐射，而石材放射性属于电离辐射。两者共同的特点：它们都是能量流污染，人们看不见，摸不着，难以感知。

（二）电磁辐射容易超标的地区与人

1. **容易超标的地区**

- 电脑 0.6～1.5m 的距离内；
- 居室中电视机、音响等家电比较集中的地方；
- 电气设备及视屏显示终端周围；
- 广播电视发射塔周围；
- 各种微波塔周围；
- 雷达周围；
- 高压输变电线路及设备周围。

厨房是电磁辐射污染源较多的场所，但这种低强度的电磁辐射能造成多大的安全危害，有不同的观点。

2. **容易超标的人**

有 5 种人特别要注意电磁辐射污染：

- 生活和工作在高压线、变电站、电台、电视台、雷达站、电磁波发射塔附近的人员；
- 经常使用电子仪器、医疗设备、办公自动化设备的人员；

- 生活在现代电器自动化环境中的工作人员；
- 佩戴心脏起搏器的患者；
- 生活在以上环境里的孕妇、儿童、老人及病患者等。

3. 常见电磁辐射污染源

在我们周围，手机、对讲机、微波炉、电磁炉、计算机、电视机、电热毯等家电及户外的高压电线、电焊机、各种高频作业设备和一些医疗设备工作时都会产生一定量的电磁辐射，尤其是随着广播电视、输电线路和通讯业的不断发展，辐射源会越来越多。

（三）主要电磁辐射源的安全判断

1. 来自高压输电线的电磁辐射

高压输电线的电磁辐射强度一般与电压、电流、相线距离及塔高有关，由于重力作用位于两塔之间的高压线最靠近地面，相应的该处场强也最大，场强可达每米几千伏，具体的大小需要实际测量，推荐的公众接触限值为5kV/m。

在高压线下行走的人有可能受到超过接触限值的辐射，一般情况下电磁场的强度均随着距离快速衰减，资料表明当距离高压输电线约50m时，其周围的场强小于1kV/m(电线距离地面高度大于8m)，当距离大于30m时其场强小于5kV/m(小于400kV者，其场强小于1kV/m)。极低频电场会被房屋及树木等阻挡一部分，但磁场不受此影响。

就目前的国内外资料分析，多大强度的电磁辐射，能造成多大程度的危害，有不同的观点。尤其是低强度电磁辐射的安全危害，近年来的争论很大。高压线/变电站的电磁辐射，目前有明确结论的是世界卫生组织(WHO)接受国际癌症研究所的评介结论，为可疑致癌物(2B)。其根据主要来自于儿童白血病的流行病学调查研究，但尚不能确切地认为极低频电磁场对人具有致癌作用，如咖啡、苯乙烯、汽车尾气及电焊烟雾等，都是人类的可疑致癌物(2B)。

日常生活中尽量不要在高压线下行走或在其周围活动，以防止出现意外的“麻电现象”，金属如铝合金门窗对电磁波有良好的屏蔽作用，如果居室太靠近高压输电线路可考虑在窗户上安装金属防护网。

WHO统计资料表明距离高压输电线路50～100m远处其辐射接近于环

境本底值，是相对安全的，这里的高压输电线路应该是指所有的高压输电线路，无论其线负多少。

高压线铁塔越低，电磁辐射越强；而且与高压线在同一水平处的电磁辐射强度相对较高。建筑对电场强度会产生一定程度的衰减作用，但对磁场强度却没有作用。距400kV高压线30m处的磁场强度约为8μT，而瑞典的磁场强度标准是不超过0.3μT。

根据《110～500kV架空送电线路设计技术规程》(DL/T 5092—1999)所示：居民区，220kV线路最小对地距离为7.5m，边导线与建筑物最小距离为5.0m，只要住宅距高压线距离大于上述规定，一般是不会对人体产生辐射的。同时，规程《500kV超高压送变电工程电磁辐射环境影响评价技术规范》规定，以4kV/m作为居民区工频电场评价标准。实际运行显示，只要满足设计规范要求的工程，都满足工频电场要求。所以，对高压线的电磁辐射是大可不必担心的。倒是家用电器、计算机的高频辐射要多注意。

2. 来自电脑的电磁辐射

电脑及电视显示器都可以产生各个频段的静电场及交变的电磁场，当距离显示屏30～50cm时，一般情况下交变的电场强度约为1～10V/m，交变的磁场强度一般低于0.7μT。(注：推荐的公众接触限值——电场强度5000V/m，磁场强度100μT)

显示器所产生的电场、磁场和光线几乎包括了全部的电磁波谱。

显示器在最初被引入工作场所时就被认为是许多健康问题的原因，比如说头疼、头晕、疲劳、白内障，对怀孕的负面作用和皮疹。许多科学研究正在实施，以确认电磁场(EMF)是否对健康造成不良后果。世界卫生组织和其他机构回顾了多方面的研究资料，包括室内空气质量、职业相关压力和人体功效学因素，比如在使用显示器时的姿势和座位。这些研究表明不是显示器的电磁场，而是使用显示器的工作环境可能是产生健康危害的决定性因素。

液晶显示屏仅产生十分微弱的电磁场，其健康影响相对很小。

3. 来自移动电话基站的电磁辐射

据国内外统计数据表明，移动电话基站附近电磁辐射的强度一般都相对较低，对人体没有已知的不良健康影响。另外，基站发射的电磁波在垂直方向很窄，只在与天线平行的水平方向才有较高的辐射水平，而基站一般都建在高楼顶上，对其下面的居民一般是没有影响的。再有，电磁波会随着距离快速衰减，建筑物及树木等对电磁波有一定的阻挡作用，金属如铝合金门窗对电磁波有良好的屏蔽作用。

但是如果基站的位置比对面高楼低，则对面楼内高于基站，尤其是与基站方位水平的居室内电磁辐射水平有可能较高。理论上是这样，但这还需要进行实地测量。

4. 来自其他辐射源(医用监护仪、复印机、电磁炉、电热地暖等)的电磁辐射

只要是电磁波都有不同程度的电磁辐射，其是否具有不良的健康效应则要看发射源的辐射强度大小及其与暴露者的距离等诸多因素，以移动电话为例，虽然其发射功率只有几瓦，但由于其发射天线距头部很近，其实际收到的发射强度却相当于距离几十米处的一台几百千瓦的广播电台发射天线所收到的发射强度。好在人们使用的时间很短，不会有明显的表现，但时间过长可能会对脑细胞的活动和分裂有所影响，并发生癌变。因此，医用监护仪、复印机、传真机等只要是国标产品，又不是长时间连续使用，应该无碍安全。

电磁炉产生的电磁场强度比较高，关键时候还是少用为佳。

电热地暖的电磁辐射数据大约值在 2μT 左右(离地面约 50cm)，从这一数据来看，有婴幼儿的家庭选用时可能要持保守态度。

孕妇是环境因素敏感人群，因而应尽量减少和避免各种健康影响因素。

(四) 危害与防护

1. 电磁辐射的危害

- 能够诱发癌症并加速人体的癌细胞增殖。

典型的事件发生于 1976 年美国驻莫斯科大使馆。前苏联工作人员为监听美驻苏使馆的通讯联络情况，向使馆发射电磁波，由于使馆工作人员长期处于电磁环境中，结果造成使馆内被检查的 313 人中，有 64 人淋巴细胞平均数高 44%，有 15 个妇女得了腮腺癌。

- 影响人的生殖系统。

强度为 5～10MW/cm^2 的电磁辐射对皮肤的影响不大，但可使生殖系统受到伤害，严重时会影响生育功能。主要表现为男子精子质量降低，孕妇发生自然流产和胎儿畸形等。父母一方曾长期受到电磁辐射影响的，其子女中畸形儿童的发病率异常高。

• 可导致儿童智力残缺，并极可能是造成儿童患白血病的原因之一。

• 损害中枢神经系统。

头部长期受电磁辐射影响后，轻则引起失眠多梦、头痛头昏、疲劳无力、记忆力减退、易怒、抑郁等神经衰弱症，重则使大脑皮质细胞活动能力减弱，并造成脑损伤。生物实验及统计分析表明，使用手机可能与癌症有关。

• 影响人们的心血管系统。

高强度电磁辐射连续照射全身，可使体温升高、产生高温的生理反应，如心率加快、血压升高、呼吸率加快、喘息、出汗等，严重的还会出现抽搐和呼吸障碍。如果装有心脏起搏器的病人处于高电磁辐射的环境中，会影响心脏起搏器的正常使用。

• 对人们的视觉系统有不良影响。

微波引起眼损害，性质上主要是急速的温度变化率和高发热率。眼内温度梯度和发热率是导致损伤的两个主要因素。在诱发的白内障中关键场参数是平均功率密度而不是峰值功率密度。用相同的平均功率密度的脉冲波和连续波辐射，同样具有诱发白内障的可能性。但小功率因数和高峰值功率的脉冲辐射效应也是不能排除的。

2. 电磁辐射的防护

电磁辐射能量通常以辐射源为中心，以传播距离为半径的球面形分布，辐射强度与距离平方值成反比。对电磁辐射的防范包括：

1）远离辐射源

• 室外：远离高压线等辐射源。

• 室内：不要把家用电器摆放得过于集中，以免使自己暴露在超量辐射的危险之中。特别是一些易产生电磁波的家用电器（如收音机、电视机、电脑、冰箱等）更不宜集中摆放在卧室里。

注意人体与办公和家用电器距离，对各种电器的使用，应保持一定的安全距离，离电器越远，受电磁波侵害越小。

2）减少与辐射源接触的时间

各种家用电器、办公设备、移动电话等都应尽量避免长时间操作，尽量避免多种办公和家用电器同时启用。

3）穿防护服、帽

目前市场上的防护服材料有金属纤维混纺织物、多种金属离子织物和金属化织物三类。

• 金属纤维混纺织物：采用不锈钢纤维与其他化纤、棉等混纺形成电磁屏蔽织物。

• 多种金属离子织物：采用多种金属离子涂附在普通织物上，形成一定的电磁屏蔽功能。

• 金属化织物：采用化学沉积方法在普通织物表面“镀”上一层高导电金属层，形成电磁屏蔽织物，简称导电布。

（五）特别提示：常用家电电磁辐射安全细则

1）电视机与电脑

电视机的电磁辐射是电脑的 10 倍，人们在看电视时应距离电视机 3m 远以上，看完电视后应洗脸。电脑屏幕会放射出阴离子，操作时应距之至少在 30cm 以上，开机瞬间电磁辐射最大，应予避开，上机后最好每隔一小时休息活动一会儿。

电视的电磁辐射是电脑的 10 倍，尤其开机瞬间辐射最大，应予避开。

2）微波炉

• 开启后，人至少应离炉 0.5m 以上，不可在炉前久站。

• 孕妇和小孩应尽量远离微波炉。

• 食物从炉中取出后，应先放几分钟再吃。

• 此外，还应经常检测有无微波泄漏，其简单方法是，将收音机打开放在炉边，打开微波炉后若收音机受到干扰，则表示有微波泄漏，应及时请技术人员检修。

3）手机

手机接通瞬间释放的电磁辐射最大，在使用时应尽量使头部与手机天线的距离远一些，最好使用分离耳机和话筒接听电话。

最好装上合格的防辐射机套，每次通话时间不宜过长，能用座机时尽可能不用手机，晚上最好关机。

手机充电时不应置于有人处或卧室中。

4）电热毯

电热毯相当于一个电磁场，即使关上开关，仍然会扰乱体内的自然电场，对孕妇、儿童、老人的损害最大，人们应慎用。

5）电子闹钟

健康安全危害不大，但还是尽可能不要放在卧室中，或者离人 1.5m 以上，最好用机械闹钟代替。

6）日光灯管

与日光灯管距离保持在 2m 以上最佳。

三、家 居 安 防

(一) 门窗的安全

人们在家中总是通过门和窗进行和外界的接触，因而它们也通常是安全防范最薄弱的地方，非法侵入者往往最易通过此处入手。因而选择质量上乘、坚固的门窗是家居安全法则之一。

门窗的防非法侵入主要决定于装配五金，而不是框体强度，因为门窗多在建筑物的最外侧，破坏门窗框体或打碎玻璃进入室内的情况已不多见，所以门窗的防侵入性能主要体现在外部人为撬开的难度上。

1. 防盗房门

根据相关标准，防盗房门安全级别可分为 A 级、B 级和 C 级，其中 C 级防盗性能最高，B 级其次，A 级为一般。我们在市场里见到的大部分是 A 级防盗房门，适合一般家庭使用。合格的防盗房门门框的钢板厚度应在 2mm 以上，门体厚度一般在 30mm 以上，门体夹层中有数根加强筋，并灌装有发泡剂、石棉、蜂窝纸板等填充物，使门体前后面板有机地连接在一起，增强门体的整体强度，门体上使用的锁具是防盗锁。另外，门板的表面应进行防腐处理，一般为喷漆和喷塑，漆层表面应无气泡，色泽均匀，门的重量一般在 40kg 以上，门与门框有三点以上的插孔固定，大多数门在门框上还嵌有橡胶密封条，关闭门时不会发出刺耳的金属撞击声。

在市场上购买防盗房门时，应该注意防盗门的“FAM”标志、企业名称、执行标准等内容，符合标准的门才能既安全又可靠。

2. 塑钢门窗

塑钢门窗同其他建材一样，有高、中、低档之分。塑钢门窗应选用 UPVC 型材。UPVC 型材是塑钢门窗质量与档次的决定性因素。其次，门窗所选用的五金件应尽量是金属制造的，其内在强度、外观、使用性都直接影响门窗的性能。另外，UPVC 型材内必须加符合厚度的钢衬，否则就不能称之为“塑钢”门窗。

有许多中低档塑钢门窗选用的是塑料五金件，其质量及寿命都存在着隐患。再有，门窗内不加钢衬或加薄铁皮冒充钢衬，组装不能保证门窗的整体质量。因此，在选用某一品牌的塑钢门窗之前，可以先向销售商索取塑钢材料的检测报告，查看其四项主要指标，即硬度、低温落锤冲击试验、高低温尺寸变化率及角强度试验是否达到要求。以上四项指标可以体现塑钢门窗的产品质量，但还要警惕假冒的贴牌产品。另外，检查是否按标准或合同加工组装，报价太低的门窗更要很好地考察。

3. 楼宇对讲防盗门

常用于单元楼的公共防范。在单元楼的楼门处安装电控防盗门及闭门器与控制键盘。单元任一住户均可用钥匙开门进入楼内，闭门器则自动将门关上。亲友来访可通过控制键盘，按下相应信号后，主人室内对讲机发出声音，经过对讲确认身份后按下门锁开启键则单元门打开，请客人入内。无关人员不能轻易混入，使单元内安全得到保障。外出时在门内按下开锁键可自由出入。可视对讲要在单元门外控制键盘上安装微型摄像机，对讲时主人可以通过液晶显示屏幕看到来访者本人，防止坏人冒充。使用这种门应该注意开门时有无不认识的人有意尾随跟进，一旦跟进就会对本单元安全构成威胁。

(图片提供:美国 Craftsman 门)

4. 各种锁具

好的锁在材质的选择上必须是非常坚固的，具有防钻、防撬、抗击、抗锤、抗踢踏等性能。户门锁的朝外面最好没有任何暴露的螺钉，它的执手只是起到推拉和美观的作用，而没有旋转锁舌的功能。

如今的锁已有了机械式、电子式和两者并用式等种类，并且形式多样。如按键式、触摸式电子密码锁，磁卡锁，IC 卡锁，视网膜锁，指纹锁，声控锁等。

电子锁和机械锁的组合锁具

在住宅门上安上这种锁具，平时可用钥匙开门，主人外出打开报警器，门锁好即进入警戒状态。回到家中，钥匙开门，关掉报警器即可。在警戒状态下即使有人偷配钥匙开门，但不知密码无法撤防，数秒后仍会发出警报。如撬门撬锁，企图破门而入，会立即报警。

指纹识别锁具

指纹识别是以单个手指的指纹作为识别对象。对单个手指的指纹进行图像分析，注册时间需要5秒，识别时间只用1秒。

指纹机同样支持感应卡、磁介质卡、智能卡和条形卡。指纹储存标准容量为512人，最多可达到32000人。

掌形识别锁具

掌形识别锁具是扫描并记录4个手指和部分手掌的三维图像作为识别对象的锁具。

虹膜识别锁具

虹膜比指纹更具惟一性，即使是双胞胎也不会有相同的虹膜。

生物识别锁具

生物识别是通过计算机及先进的扫描技术，利用人体某些生理特征的惟一性进行识别。

(二) 现代家居安全防御系统

1. 安防系统的组成

现代住宅的一套完整的安防系统应包括以下方面:

外来侵入的警戒

- 主人外出模式
- 主人在家模式(活动情况/睡眠情况)

内部隐患的警戒

- 灾情检测
- 紧急呼救

安防系统的设计是相当复杂的，也包括以下子系统:

- 室内安防系统
- 周边防盗系统
- 对讲系统
- 闭路监控系统

• 巡更系统

安防系统针对单个住宅设计，可以通过“安防适配器”将安防系统与智能家居系统相联动。可以在统一的平台上布防、撤防，或者在报警发生时让灯光、电话等产生联动。

2. 系统特性

在住宅内适当的位置配置一些传感器，包括双鉴移动探测器、玻璃破碎探测器、声音探测器、门磁开关等，可以设定当这些传感器处在某种状态时，执行一系列的动作，例如，当家中有非法闯入时，通过智能电话控制器进行远程报警，通过灯光控制单元将灯光打开……

和传统安防产品相比，现代安防系统具有下面的特点：

• 安防系统和整个家庭网络紧密整合，可以通过安防系统中的报警触发家庭网络中的任何一个设备的动作或状态。

• 报警信息可以根据需要，拨打用户手机，进行语音提示。

• 可以通过智能家居系统的一些面板、遥控器进行布防、撤防。例如，在门口旁边的按键面板定义“离家”场景，此场景包含一条“布防”的动作，这样，用户在出门时，只需要按一下离家按钮，就在关掉照明系统的同时也启动了安防系统。

安防适配器的工作原理如图所示。

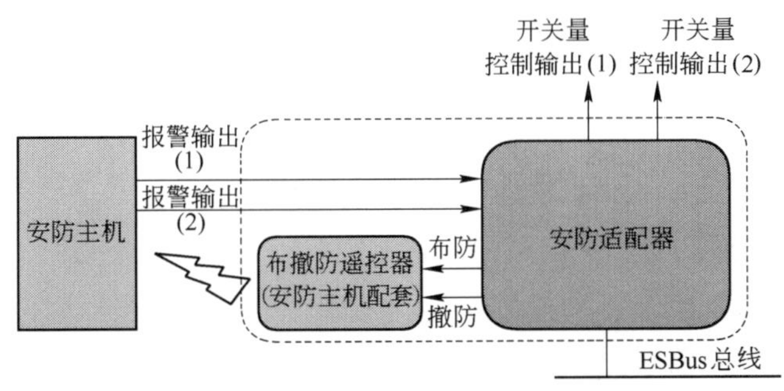

安防适配器的工作原理图

假设安防主机在产生报警时，会产生1～2个开关量类型的报警信息(可以分别代表某个区域发生警情)，将这几个开关量信息接入到安防适配器中，就可以把报警传递到ESBus总线上，从而实现联动。

通过ESBus上的其他设备，也可以把布撤防指令发送给安防主机，实现网络化的布撤防操作。

3. 设备构成

将所选择的安防主机、安防适配器安装在配电箱中。在室内多个位置安装各种传感器单元。

安防系统设备具体构成如下表所示。

<table>
<tr><th>产品名称</th><th>规格说明</th><th>位置</th><th>数量</th><th>说明</th></tr>
<tr><td rowspan="7">智能安全防盗报警系统</td><td>安防报警主机</td><td>配电箱</td><td rowspan="8">1</td><td></td></tr>
<tr><td>高音警号</td><td>客厅</td><td></td></tr>
<tr><td>遥控器 2</td><td>—</td><td></td></tr>
<tr><td>门磁</td><td>大门</td><td></td></tr>
<tr><td>吸顶红外探测器</td><td>客厅、主卧</td><td></td></tr>
<tr><td>电源</td><td>配电箱</td><td></td></tr>
<tr><td>电话线</td><td>—</td><td></td></tr>
<tr><td>红外方向性幕帘探测器</td><td>具有入侵方向识别能力，误报率低，探测性强</td><td>平台拉门</td><td></td></tr>
<tr><td>燃气泄漏探测器</td><td>连续自动监测</td><td>厨房</td><td>1</td><td></td></tr>
<tr><td>烟雾探测器</td><td>离子型</td><td>厨房</td><td>1</td><td></td></tr>
<tr><td>紧急按钮</td><td></td><td>儿童房、主卧、客卧</td><td>3</td><td></td></tr>
<tr><td>安防适配器</td><td>获取报警信号，执行布防撤防</td><td>配电箱</td><td>1</td><td>安防联动</td></tr>
</table>

（三）安全防范与报警

1. 入侵探测器

将被保护现场发生的入侵信息变成电子信号并向外传送的一种装置，是报警器的前端器材。俗称探头。

- 玻璃入侵探测器

将探测器贴在门窗玻璃上，上下表面分别用导线连接到控制电路上，一旦玻璃被重力打击或破裂，压电效应产生，经控制电路处理，报警器将产生声光报警。小到几十平方厘米，大到几平方米的不同厚度、规格的玻璃均可使用。安装时要注意粘贴牢固可靠，如与开关式报警器配套使用则效果更好。在居民住宅中再把门锁控制连成一体则是最简单实用的一套不错的防盗报警系统。

- 触摸式入侵探测器

触摸式探测器常用导电布、导电膜或金属线将保险柜、文件柜或其他贵重物品保护起来。有人触及时即能引起报警。家庭中可以在阳台边、防护栏、空调室外机等处布防，一旦有人企图攀爬即可发出警报。

- 感应式入侵探测器

感应式探测器主要用金属导线布防，警戒范围可以适当扩大，可以架设警戒线，不让闲人靠近，遇到不守规矩者，报警声将提示相关人员加以制止。此种产品优点是布防机动灵活，范围可大可小；缺点是由于受环境湿度、温度影响较大，灵敏度要经常进行调整。

- 视频画面入侵探测器

在摄像机视场范围内，利用视频报警控制器设保护目标，被确认后加以记忆。当保护目标被移动或增加新的物品时即可产生报警信号。设点多少及物品大小不受限制，而且随时可以增减，使用非常方便。惟一的不足是，只要进行布防就得打开摄像机，会影响寿命。

- 点控制式入侵探测器

这是一种警戒范围较小，仅限于局部控制的系列入侵探测器。其优点是，构造简单，工作稳定，安装简便，价格低廉；缺点是防范不够严密。

- 磁开关入侵探测器

将其安装在门或窗的框上，电极用导线与控制器连接，而磁铁安装在门或窗扇上，关闭门窗，移动磁铁使其正好闭合，打开控制器，门窗即进入警戒状态(或称设防)。这时再开门窗，控制器就发出声光报警。

这种报警器应用范围很广，各种不同规模的防盗系统中都经常使用。其缺点是，由于防范区域、部位不严密，漏洞较大，很少单独使用。

2. 防盗报警信号的传输

探测器电子信号对外传输的通道，又称信道。目前主要有有线、无线、借用线三种不同的传输方式：

- 有线传输

即用专用电线、电缆、光缆等将报警信号传输到别处去。其优点是抗干扰能力强，又能防破坏，线被短路、断路都能被即时发现。缺点是施工麻烦。

• 无线传输

将入侵探测器与无线发射器相接，一旦发生警情，将向空中发出无线电信号。无线接收机收到信号产生报警，通知人员进行处理。

优点是安装简单，机动性强，多点发射一点接收，控制距离远、面积大。缺点是可能被更强大的无线电波、雷电等杂散电场所干扰。

• 借用线传输

电话线、电力线、有线电视网等公共线路均可借用为报警信号传输。优点是施工容易，不用专门布线。缺点是防破坏能力差。

3. 防盗报警控制器

能将入侵探测器发出的入侵信息电子信号变成声光报警信号并加以显示和记录、存储的装置。常用的有台式、柜式、箱式和壁挂式几种。

产生报警声音，显示报警部位，存储记录报警信息是防盗报警控制器必须具备的基本功能。

（四）室内其他安全报警

1. 防止抢劫、急救求助

这是用紧急按钮实现的，在家庭防盗报警器中也应成为必备的器材。如果遥控器与紧急按钮为一体时，应考核紧急按钮防止误触发的能力。

2. 防火及防易燃气体泄漏

通过烟雾报警器和易燃气体泄漏报警器实现。易燃气体泄漏报警器常温感应煤气、天然气、液化石油气，如有泄漏（浓度和持续时间达到报警值），报警指示灯（红色）闪亮，现场警号报警，同时自动拨打预设电话报警。烟雾报警器用于对各类早期火灾发出的烟雾及时作出报警。当防范空间的烟雾浓度和持续时间达到报警值，烟感探头上的报警指示灯（红色）闪亮，主机无论处于何种状态都会现场警号报警，同时自动拨打预设电话报警。

3. 实用防盗报警设施

1）全智能隐形防盗窗

A. [安全]：保护小孩高空玩耍的安全，预防物件高空掉落。

B. [防火]：高应变能力设计，遇火警之紧急状况，3～5 秒钟可进行

拆除。

C.［美观］：配合微细钢丝，不碍视野，窗外美景不变，更能保留原有建筑风格。

D.［防盗］：可结合防盗系统连线，配合隐藏式施工，让美观与安全更具有保障。

E. 系统施工、组装迅速。以一户四房两厅而言，一个工作日内即可完成组装。

F. 可自行拆除，安装方便。

2）全智能隐形防盗网

适用于阳台窗口防盗为主的防护作用。外形与隐形防护网相似，但防盗功能更好。

智能防盗：整个阳台或窗口只有一根线连接报警器构成回路，任何一处断开警报立刻响起，最大音量可达 120dB(不断开情况下任何人无法进出)。

隐形美观：每根直径为 1.8mm(内有双重保护膜)，10～15m 即可隐形，不阻碍视野，不影响建筑风格及楼层美观。

火灾不阻逃生路：采用高应变能力设计，遇火灾等紧急情况 3～5 秒即可逃生。

安全防护：保护小孩、老人在阳台窗口活动的安全，防止衣物掉落，预防高空坠物。

3）无线离子式烟雾报警器

用于对各类早期火灾发出的烟雾及时作出报警。当有以下情形之一，烟感探头上的报警指示灯(红色)闪亮，主机无论处于何种状态都会现场警号报警，同时自动拨打预设电话报警：

① 防范空间的烟雾浓度和持续时间达到报警值；

② 按压烟感探头上的测试按钮。

主要技术指标：

a. 报警灵敏度：1 级

b. 监视面积：$20m^2$

c. 消耗功率：监视状态＜20μA，报警状态＜20mA

d. LED 指示：监视状态 LED 每 40 秒闪一次，报警状态 LED 每秒闪

一次

e. 报警输出：无线发射输出，LED 每秒闪一次

f. 使用环境条件：室内环境温度 − 10～45℃，相对湿度≤95%

g. 电池：9V，型号 6F22

h. 自动检测：每 1.67 秒自检一次

i. 重量(不含电池)：100g

j. 外形尺寸：直径 110mm，高度 35mm

4）无线门磁

用来探测门、窗、抽屉等是否被非法打开或移动。它由无线报警器和磁铁固定盒两部分组成。装入电池后即进入工作状态，当探测到大于 30mm 的位移(开门)时，报警指示灯(红色)亮，并发报警信号至主机，主机(若此时处于布防状态)将现场警号报警，同时自动拨打预设电话报警。

5）智能单幕帘红外探测器

由微型无线电发射电路、被动高精密幕帘探测装置、模糊逻辑数码核心和高能无汞碱性电池组成，外壳采用工程尼龙。

特点：*A*. 比普通双元红外和幕帘式探测器有更强的抗误报能力和更好的探测性能。

B. 采用全范围精密温度补尝和抗气流技术，无论环境温度如何变化，探测灵敏度始终一致，没有温度死区(一般探测器在 32～40℃ 时，灵敏度大幅度下降，或在其他温度区极易误报)，特别适于防范整面墙系窗户、大阳台、过道等。

C. 纯无线结构，电源全内置，无线电传送信号，安装极为方便。

D. 超省电设计 + 高容量电池，比其他无线红外探测器有更长的连续工作时间。

E. 内置扩展插槽，可与多种无线主机兼容。

6）普通型安防系统

序号	功　能	简　介
1	大门防撬	防盗门隐蔽门磁，圆形隐蔽安装
2	大厅防盗	超薄吸顶式智能红外双技术探测器(110°×360°)尤其适合客厅选用
3	居室防盗	双元被动红外探测器(自带支架)，探测距离 12m，精致，美观

续表

序号	功　能	简　介
4	居室防盗	双元被动红外探测器，探测距离 12m(专防小动物)
5	阳台防侵	迷你型幕帘式红外探测器，探测距离 12m×90°×8.7°专防窗户阳台
6	防　盗	迷你型红外探测器，探测距离 15m，小巧，精致
7	紧急求助	标准 86 盒，美观，安装方便，防抢，紧急情况求救
8	玻璃防砸	玻璃破碎探测器，探测距离 4.5m(带镶嵌式安装架)防窗户玻璃被砸
9	燃气防漏	智能型家用燃气泄报警器
10	烟雾防火	联网型离子式烟雾报警器
11	现场报警	声光一体机，现场吓阻坏人，提醒邻居注意
12	家庭报警控制箱	自带通信器和保安中心联网，另有两组用户跟随电话

(五) 安防误区

目前，房地产市场竞争异常激烈，为了在竞争中处于有利的位置，开发商纷纷在安防上进行投入。但是很多开发商并没有认真地考虑实际可操作性和应用效果，而将它作为一个卖点来宣传，对业主有一定的欺骗性。例如，家居的室内报警部分，很多开发商为了节约投资，将报警探头直接设在联网型的楼宇对讲系统中，这是一种最典型的概念销售法。

1. 信号冲突：当用户正在通话时，报警信号会送不出去或报警信号卡断当前的通话。

2. 信号阻塞：当一个系统内多个用户报警时，必须一个一个地排队处理，影响反映速度，当处理到后面的报警时，可能已时过境迁，尤其对紧急报警按钮(或称紧急求助按钮)。

3. 无布防、撤防密码或密码很少：

有很多的该类产品没有布防和撤防的密码，只在室内机上按一下按钮就布防，再按一下同一个按钮就撤防，这种情况下，如果对该设备有所了解，报警就根本无法起到任何作用。

4. 防区数量少或者根本不分防区：

对于一户内装有多个探测器或紧急按钮的情况，管理中心无法区分报警的性质，不能及时作出正确的反应，甚至在不布防时根本不能将报警信号送出去。

5. 报警部分无平时的检测功能:

业主户内的报警部分工作是否正常无从知道，很可能这部分功能早已失效，而业主和物业都不知道，直到发生事件后再找理由推托责任。

(六) 特别提示：一切取决于保安的主动性和反应程度

从根本上说，安防报警是一种防君子不防小人的设备，归根到底，它取决于保安的主动性和反应程度，它和有形的物理防护措施是有根本的区别的。

常有一层的业主要求加装防护栏，他们并不是出于所谓逆反心理，也无意于破坏小区的美观，他们只是想要基本的安全保障。问题就出在这里，物业认为红外安防幕帘已经足够，但又坚决不肯给任何安全保障承诺。

这样，事实上红外安防幕帘已经如同摆设。

短暂的春天即将过去，迎来的将是一个难眠的盛夏，面对概念型的安防，不敢开窗入睡的惊慌，正如浸润在海绵里的水，渐渐扩散。

四、家用电器使用安全

（一）热水器和取暖家电的安全

1. 燃气热水器安全

• 经常检查燃气管道，避免管道漏气。发现漏气应及时关闭燃气阀，禁止使用火种，打开门窗。

• 每次使用燃气热水器前，都应该检查安装热水器的房间窗子或排气扇是否打开，通风是否良好。

• 运行时发现各种异常情况时，应立即停用并送维修。

• 对未成年人、外来亲朋使用热水器，应特别注意安全指导，教会正确使用。

• 寒冷季节热水器应注意防冻。

• 热水器每半年或一年应由专业人员全面维修保养一次。

2. 电热水器安全

• 电源插头和插座必须相配套，两者接触应紧密；如果插头和插座接触松动，插头会发热，从而引起线路短路。

• 首次使用电热水器，必须先注满水，然后再通电。

• 电热水器中的电路组件虽然是绝缘的，但长时间处于潮湿状态，电路组件也容易发生漏电等故障。因此，在电热水器停止使用后，应注意通风，保持电热水器干燥。

• 注意参看产品说明书，严格按照使用说明书的要求操作。

• 老式住宅楼存在无地线的危险，或线路老化严重、空气开关不灵等现象。必须检查热水器地线是否接好。

• 开关、插座所用的线径与热水器的功率不匹配，或采用假冒电线、插座面板，安装过低、插座无防溅盒等。

• 严禁热水器带“病”工作，如加热管损坏、内胆轻微漏水等。

• 因怕触电或为省电，有人经常频繁插拔电源，这样会导致插座烧坏，带来危险。

• 安装“全能漏电保护器”，一旦“地线”带电，能在0.04秒内切断电源，有效防止安全意外发生。

3. 电暖器安全

正确使用温控器，正常工作时，温控器不要始终调定在最高档，长时间高温工作易使内部器件烧损老化或保护性遭到破坏。

禁止覆盖取暖器，若为了烘烤衣物，将散热片周边包裹覆盖，被覆盖的热片温度将明显升高，这样容易烤焦衣物，并有可能导致取暖器壳体内部导热油变性，压力升高，引起热油从密封处泄漏，甚至壳体胀裂，造成危险。

还应禁止上下倒置或放倒通电加热，在这种情况下，通电加热有可能产生过烧炸裂，损坏加热管。

电暖器的电源必须使用合格的、带地线的三孔插座，否则会有漏电的危险。

电暖器功率较大，不宜与大功率的电器，如浴霸等同时使用，否则容易损坏电暖器。

插座不能位于电暖器正上方，以防热量上升烧烫电源。

当居室中无人时，一定要把电暖器电源拔掉。

在安装与摆放位置上，电暖器应放在不易碰触的地方，远离可燃烧物，背面离墙应有20cm左右。

如果将电取暖器放置在浴室中供暖，更要特别小心。有些电暖器的确具有防水功能，但是，电源插座如果在浴室内，还是存在安全隐患。必须将电源插座安在浴室外，而且电暖器的电线要有绝缘橡胶保护，并能保证与机体的连接处100%防水。

在选购电取暖器时，最好选择取得“CCC”(中国强制性产品)认证的产品。

应选购没有明火并带有过热保护装置的产品，因为在冬季密闭较严的房间内，明火不但会消耗室内氧气，污染环境，稍有不慎还可能发生烫伤、火灾等事故。

4. **暖风机安全**

安装浴室暖风机时应注意以下事项：

不要过于接近浴缸、脸盆或淋浴池，并尽量避免沐浴时直接向浴室暖风机喷水；电源插座的位置不应受到水溅或喷淋；浴室暖风机不得直接安放在电源插座下面。

卫生间插座的接地线应单独敷设，不得与工作零线混同。

5. **空调**

• 一般冷暖型空调要求用户使用专用线路，因为空调的功耗相对比较大，这样也可以减少对其他电器的影响。

• 必须采用接地或接零保护，热态绝缘电阻不低于2MΩ才能使用。

• 接地线严禁与燃气管连接，可以把建筑物内的钢筋作为接地极。

• 空调使用前注意核对电源保险丝、电度表、电线是否有足够的余量。

• 使用前要取下进风罩，使进风口及毛细管畅通，以防内部冷媒不足导致空压机烧毁。

• 空调与窗帘应保持一定距离。

• 使用时，制冷制热开关不能立即转换，通断开关也不要频繁操作，否则会增加压缩机压力造成过热；当停电或拔掉电源后，一定要将选择开关置于“停”的位置，接通电源后重新按启动步骤操作；在运行中如发现有异味或冒烟，应立即停机检查。

(二) 电视机

电视除了电磁辐射会给人们带来危害外，运转产生的高温会使内部器件原料中的有害物质在空气中挥发，危及健康安全。

欧美国家曾在放置使用难燃剂电子器械的室内灰尘中检测出溴化二恶英，由于电视发热，从难燃剂生成溴化二恶英的可能性很大，而溴化二恶英在欧美和日本都曾发现对人体造成污染。因此，室内通风必不可少。

在使用电视机时应注意:

• 应放置在阴凉通风处，不要让阳光直晒。一些家庭喜欢用电视机罩，当电视打开时最好将电视机罩拿掉，以便散热。

• 电视开机后不可用湿布或冷水滴接触荧光屏，以免显像管爆炸。

• 在一些湿度大的地区或梅雨季节要坚持每天开机以防电视受潮、内部组件损坏。

• 切不可带电打开电视机盖板检查或清扫灰尘。

• 电压过高或过低时最好不要开机，如果用户装有室外天线，在雷雨天应停止接收，并将天线插头拔掉。

(三) 冰箱和洗衣机

1. 冰箱的使用安全

• 冰箱应放置在干燥通风处，并注意防止阳光直晒或靠近其他热源。

• 冰箱必须采用接地或接零保护，接通电源也应采用三脚插头。

• 电源线应远离压缩机热源，以免烧坏绝缘层造成漏电。

• 冰箱内不要存放酒精等挥发性易燃物品，防止电源自动接通或断开瞬间迸发的电火花引起可燃气体爆炸燃烧。

• 要保证冰箱后部干燥通风，冷凝器应与墙壁等保持一定距离，不得用棉被等可燃物盖压，以免影响热量的发散。

• 电器控制装置失灵时，应立即停机检查修理。

• 要防止温控开关进水受潮；冰箱断电后，至少要间隔 5 分钟才可重新启动。

• 避免用水清洗。

2. 安全使用洗衣机

• 洗衣机安全使用的额定电压为 220V、50Hz，超过此范围易使电机损坏。

• 一个插座上不得使用多个电器设备，以免过流过载。

• 必须具有接地或接零保护，采用三脚插头，不要用湿手去拔插头。

• 脱水、洗衣桶、波轮、搅拌器等运转时，禁止将手伸进桶内。

• 使用时发现电机卡住或出现异常声音、气味，应立即切断电源再进行查看。

• 第一次使用洗衣机时，先检查洗衣机是否安全接地，否则可能发生触电事故。

• 凡是浸渍有易燃溶剂(如汽油、有机溶剂等)的衣物，一概不得投入洗衣桶或脱水桶。

• 洗衣机使用时，请不要在洗衣机周围放置或使用可燃性化学溶剂(如喷雾剂、喷漆、涂料、汽油等有机溶剂)。

• 各部位擦拭干净，并使机门微开，这样即可常保机内干燥洁净无异味。

(四) 微波炉

• 微波炉烹饪用器皿不能用金属和搪瓷制品，因为微波与金属接触会产生火花，发生危险，严重时还会损坏磁控管。

• 微波炉工作时，不要将眼睛紧靠微波炉5cm之内去观看微波炉工作。因为眼睛对微波最敏感，以免受到不必要的伤害。

• 带硬质外壳的食品，如生鸡蛋等不要放入微波炉内加热。当加热用塑料袋密封的食品时，应剪去一角作为出气孔。

• 日常使用后，马上用湿布将炉门上、炉腔内和玻璃盘上的脏物擦掉，这时最容易擦干净。若日常没有及时清洁，可将一点水加热成蒸汽，使污垢软化，再用湿布擦就容易清洁了。

(五) 小家电的使用安全

电风扇：

必须具有接地或接零保护，应采用三脚插头，可摆动的风扇注意摆动时不要碰触墙壁和其他物体。

电熨斗：

必须具有接地或接零保护，接通电源采用三脚插头，使用时或用毕不能立即放置在易燃物品上，用后应立即切断电源，严防高温引起火灾。

吸尘器：

使用时注意电缆的挂、拉、压、踩，防止绝缘损坏；及时清除垃圾或灰尘，防止吸尘口堵塞烧坏电机；禁止吸入易燃粉尘；未采用双重绝缘或安全电压保护的应设置接地、接零保护；电源开关应便于紧急状况下切断电源。

（六）特别提示：家电安全的强制性标准

家电安全的强制性国家标准，共计 13 项，规范的是家用和类似用途的电器产品。这 13 项标准并不是一般的产品标准，而是安全标准，并且是安全方面的“特殊要求”，是为相关产品的出口提供标准保障。

这 13 种产品包括桑拿浴加热电器、电泵、水族箱和花园池塘用电器、按摩器具、皮肤和毛发护理器具、加热和供水装置固定循环泵、时钟、商用自动售卖机、电熨斗、车库门的驱动装置、服务和娱乐器具，还有剃须刀、电推剪及类似器具，电热毯、电热垫及类似柔性发热器具。这些产品有的已和人们生活结下了不解之缘，如电熨斗、剃须刀、电热毯等；有的则透出时代生活变迁的信息，如水族箱和花园池塘用电器、商用自动售卖机、车库门的驱动装置等，在这次发布的标准中，这类产品的标准多属于首次发布。

这 13 项标准的名称都由 3 个部分构成：“家用和类似用途电器安全”、“产品名称”和“特殊要求”。以按摩器具为例，其标准的名称是《家用和类似用途电器安全　按摩器具的特殊要求》。这些标准都属于产品的安全标准，是强制性国家标准。

“特殊要求”是针对“通用要求”而言的，这些标准必须和 GB 4706.1—1988《家用和类似用途电器安全　第一部分：通用要求》配合使用，“特殊要求”都是这 13 种产品有别于其他家用和类似用途电器安全的要求。

五、儿童的家居安全

（一）儿童意外伤害

儿童意外伤害是指突发事件、意外事故对儿童健康和生命造成的损害。

儿童意外伤害分类参照《国际伤害外部原因分类标准》分为：跌伤、烧烫伤、交通事故、刀割伤/锐器刺伤、动物咬伤、鱼刺/骨头卡喉、中毒、触电、爆炸伤、意外窒息、溺水、碰伤/砸伤、其他 13 类。其中除交通事故外，其余 12 类全部与家居安全有关。

壁炉、暖气和电风扇等危险物品应与孩子隔开，以免烫伤或碰伤。

好奇、好动是孩子的天性，这使他们常常在“危险”的边缘盘桓，而“陷阱”往往就隐藏在我们看似时尚却失去秩序的家中。所以，察觉这些容易被我们忽视的安全漏洞，才有可能把家居安全的隐患降到最低。

1. 坠落

孩子爱爬高，从会翻身起到刚刚能站立的宝宝都总是试图跨越小床、童车或他们专用的高脚餐椅的护栏。有的两三岁的孩子喜欢登上高处，比如自己蹬小凳子爬上大凳子去拿想要的东西。因为宝宝平衡感尚未发育完全，很容易摔倒和坠落；有的孩子喜欢在窗台或阳台上看风景，游戏，如果窗户上没有护网，更是极为危险。

孩子从床或童车等不是很高的物体上摔下来时一般不会对大脑造成影响，但如果孩子发生呕吐或哭得异常厉害就要立即带他去医院。即使没有任何外伤，也要坚持观察两三天，看他吐不吐，吃饭和睡眠好不好等。

如果孩子被碰伤以后并不哭，而是脸色苍白，耳朵或鼻子出血，或

床要远离窗子、灯具以及能爬上去的家具。
(图片提供:Mary Jo Peterson)

者出现呕吐、痉挛、头痛等症状就一定要马上叫救护车，并且到有神经外科的医院就诊。如果意识不清，最好是让孩子侧卧，头向后倾，以确保气道畅通，同时解开他的衣服，呼吸微弱时应该进行人工呼吸。

如果碰伤不太严重，需要进行一些简单的应急处理的话，可以用流水洗干净伤口，再涂上一些消毒药水。

安全对策:

- 如果将孩子放在大床上玩，床的两端最好有护栏，或者一边靠墙，没有遮拦的一边用被子、枕头挡一下，但一定要放稳，以防压住孩子。
- 小床的栏杆间隔不要太宽，避免孩子的头部伸出护栏后被卡住。
- 床要远离窗子、灯具、加热器以及能爬上去的家具。
- 孩子坐在小车、高脚椅或其他较高的地方，身边最好有人看护。最好准备稳当安全的大小凳子，尽量不用折叠椅，保证孩子的安全系数。
- 如果室内的空间超过一层，就应该装上护栏；阳台栏杆的间隔不可太大，以免孩子穿过坠落。
- 在家中严禁孩子攀缘登高，更不要在阳台、窗边及楼梯口嬉戏，避免发生坠楼和滚下楼梯的事情。

2. 磕伤

刚学会走路的孩子，喜欢到处走，但身体的协调性还没发育好，容易被桌子角、向内开的门或窗户等硬的角碰着，或被和他身高差不多的家具磕着。

安全对策:

- 在家具的边缘、有凸出部分的柜子、有尖角的窗户上加装防护设施，如圆弧角防护棉垫，给桌椅板凳的腿装上柔软材质的安全护角。
- 窗户最好改成推拉的，并尽量将孩子活动的空间弄得空旷些，以免拌倒。
- 远离楼梯口(以防宝宝摔落楼下)、电线、电锅、有桌布垂下的桌子、玻璃窗、镜子以及尖锐的桌角、椅角等。

3. 触电

对孩子来说，电源和插座非常神奇，一插上，灯亮了，电视有声音有图像了，在电脑上也能玩游戏了，它里面到底有什么？当孩子把手指伸进去触摸探索时，将太可怕了。

安全对策：

- 最好使用安全插座，有安全盖板的类型，插座、插头要防护好，不用时可以用椅子挡一下，尽量不使用能随处移动的接线板。
- 不让孩子玩电灯开关和拧灯泡，也不要让孩子拆弄家用电器。
- 不要将电线随意散落在房间里，电线如果有破损的地方，应马上换掉。
- 告诫孩子不要用湿手去摸电器的开关、插头，更不可将手指、别针、回形针等放进插座，以免触电。

4. 烧烫伤

儿童烧烫伤除开水烫伤外，常见的还有火烧伤、化学烧伤等。如是火烧伤可用棉被、毯子、湿布、雪或沙土覆盖在被烧伤儿童身上以压灭火焰。如遇热蒸汽或开水烫伤皮肤时，应就近迅速用干净的水，如自来水、河水等浸泡或冷敷创面，保持半个小时到1个小时，以离水后不痛或稍痛为止。如遇强酸、强碱等化学烧伤皮肤时，应立即用水反复冲洗，冲走滞留在皮肤上的酸碱液，缩短其接触皮肤的时间。不要强行撕脱水泡皮，也不要敷有颜色的药物，应尽量用干净的衣物或医用敷料包扎或覆盖创面，以保护创面免受污染或损伤。在采取了以上措施的基础上，应当以最快的速度将患儿送到医院进行抢救。

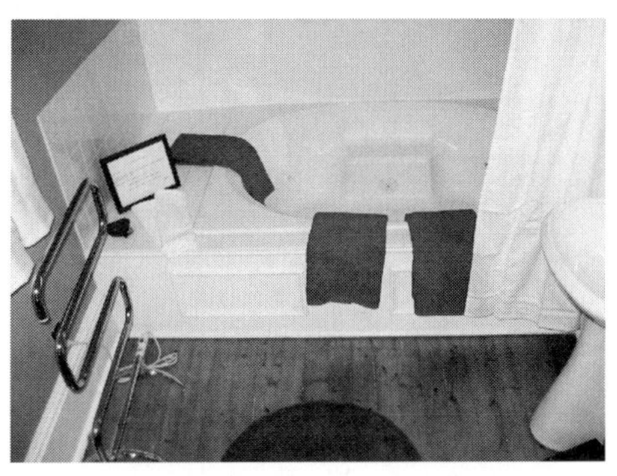

热水龙头应有安全按钮以防水温过高烫伤孩子。

安全对策：

- 要把容易烫伤儿童的危险物品放在孩子不能触摸到的地方。
- 端热食时，别让孩子靠近，以免不小心或碰撞而导致锅盘翻覆。
- 避免将热菜、热汤放在桌边或孩子够得到的地方。
- 插电的电热锅，也尽可能靠墙边。

• 热水器、饮水机、水果刀和筷子等都应置于孩子无法接触到的地方。

时时给孩子灌输安全的概念，教他们不要玩打火机、火柴，而且远离烧热的东西。如炉火、火柴、电器、电熨斗、电炉、热水、热油、蒸汽、爆竹、强碱、酸等。

让孩子适度感受“烫”的危险，如抓住他的小手，摸摸烫的杯子的外表，摸摸升起来的蒸汽，几次下来，他就知道这个东西是烫手的，就不会再乱抓了。

5. 滑倒

厨房和卫生间的地面常使用瓷砖或石材，孩子走在上面很容易摔跤。所以，在洗脸盆、浴缸附近，铺上橡胶地垫，能有效保护孩子。卫生间的台面边缘如果是直角的，要加装圆弧角型防护棉垫，以免孩子滑倒时受伤。有一种止滑垫不错，可买来粘贴在孩子的鞋底上；另外，为孩子选防滑底的鞋，也能起到保护作用；也可在地上贴止滑条。

6. 意外创伤

创伤的种类很多，在意外创伤中以刺伤和切割伤最为常见。

大多数的刺伤和割伤程度都不严重，愈后良好。但儿童作为一个特殊的群体，由于其缺乏有效的自我保护意识和保护手段，特别是发生在儿童与儿童之间的意外伤害，往往会伤及一些重要脏器和部位，造成终生的残疾，因而防止和及时处理儿童的意外创伤就显得格外重要。

安全对策：

一般来说，剪刀、刀子、筷子、牙签一类的东西，经常要用，藏起来也不方便，就更要对孩子强调危险性。玻璃的伤害也不可小视。如果不留神弄碎了书柜、大衣柜的镜子和玻璃，或把小玻璃瓶、玻璃杯等掉到地上摔碎，玻璃瞬间就会变成利器，划破皮肤，造成伤害。

对于这些有可能伤着宝宝的日用品，父母不妨虚张声势，比如假装自己的手被刀割了一下，然后大呼小叫，并做出愁眉苦脸，很痛苦的样子，孩子就会觉得这个东西很可怕。3 岁以上的宝宝可以尝试用筷子，但父母不能离开他的左右，别忘了提醒孩子不能拿着跑动，两岁半以下的宝宝最好不拿着类似筷子的长东西走动，以防摔倒时戳着。4 岁以上的孩子可以学着使用剪刀，但那一定是儿童专用的安全剪刀，使用时也要有大人在他身边。尽量不让 4 岁以下的孩子与玻璃杯、玻璃瓶，瓷的碗、勺一类的东西单独亲密接触。宝宝喜欢听敲击这些物品时发出的声音，你可以把它们换成塑料的或木制的，这样就比较安全了。

让孩子学会爱惜玩具和如何同小朋友分享彼此的玩具，以免因抢夺玩具受伤或受到破损玩具的伤害。

7. 药物

如今不少厂家把药物做得很精致，给孩子吃的药口感很好，形状也好看。比如，有一种退烧药外形是彩色的袖珍迷你小圆球，甜甜的，很好吃。正是这个原因，使一些孩子很喜欢吃药，于是，吃过量的药或吃错药的事情时有发生。

药物及杀虫剂等物品一定要放好，尽量远离孩子。

安全对策：

• 告诉孩子吃任何东西前，一定要先征得大人同意，地上或桌上的东西不可随便捡来吃。

• 药物一定要放在柜子里收好，或放到比较高的地方，尽量远离孩子的视线。

• 如果孩子开始认字了，父母可和孩子一起认药瓶上的药名、有效时间、使用量及禁忌症，这样对能认识简单的字的孩子很有效。

• 对洗洁精、消毒水、杀虫剂、卫生间清洁剂等物品，要收好。警告孩子清洁用品或杀虫剂不可拿来喷着玩。

8. 缠绕

孩子对绳子一类的东西很好奇，喜欢在自己身上缠来缠去，可一旦勒住孩子手脚自己又无法解脱，就容易造成局部缺血坏死；如果将绳子套在脖子上就更易威胁到生命安全。

安全对策：

将家里所有窗帘绳缠起来或干脆取消，不给孩子玩绳子提供可能。有的孩子喜欢用线、绳子捆绑一些东西，这时你要给孩子打打预防针：只能捆物不能缠自己。也可用胶布代替绳子。

9. 窒息

如果孩子突然出现窒息、翻白眼或是呼吸困难的样子，或者嗓音变哑，一定要确认一下他的嗓子里是不是有什么异物，如果有，一定要确认他吞下了什么东西，然后再采取措施。窒息、嗓音变哑或是呼吸困难常常是因为异物进入了气管，这时候最好不要耽误，马上去医院的耳鼻喉科或外科就诊。如果花生、松子、核桃等误入气管，由于不易掉出来而会引发重大事故，所以应该格外注意。

孩子的嗓子被异物卡住，其原因主要是嬉笑、哭闹时进食。异物中以食物占多数，如：花生、瓜子、果冻、鱼刺、猪骨等。另外，还有其他物品，如：塑料插板、玩具零件、纽扣、图钉、硬币等。一旦发现儿童气管异物引起窒息，需立即想办法取出，否则会有生命危险。正确的方法是把孩子倒着抱起来拍他的背，或者用两个手指伸入他的嗓子迫使他吐出来。如果用这些方法不能取出异物就一定要立刻去医院。如果吞下的是打糕等软东西时，要让孩子侧向躺下，用手指顺着脸颊内侧放进去把异物掏出来。用手挖、口吸都是错误的。如是鱼刺、猪骨、瓜子等细小异物则应到医院用喉镜、食管镜或气管镜取出。

安全对策：

• 3岁以下的宝宝，最好不玩这些细小的东西。

• 婴幼儿要防被枕头、被子等闷住。

• 不要让孩子把整个脑袋伸进塑料袋内，或把被子、床单等蒙在头上，一旦引起窒息，就比较麻烦。

• 告诉孩子，家中柜子、箱子不是藏身之地，否则躲进去出不来，也会造成窒息，就再也见不到爸爸妈妈了。

(二) 噪声危害

儿童对声音的感应要比成年人灵敏。而在我们的生活中充斥着各种各样的噪声：工地上电钻的声音，电视出现雪花点时发出的“滋滋”声，特别是许多玩具都会发出各种声音，噪声高达120dB以上，玩具电话甚至达到123dB的噪声，这些噪声对于孩子的危害，并不仅仅和听力有关。

1. 损害听觉

噪声会使孩子的听觉受到最直接的损害。如果孩子经常处于80dB以上噪声当中，日后患有噪声性耳聋的可能性高达50%。

2. 影响视力

在过于喧闹的环境里，孩子的眼球移动和转动的速度会减慢，对光的适应能力降低，视野变小，还会有眼睛酸痛、眼花和视力下降的情况出现。

3. 损伤大脑

经常性的噪声会刺激孩子尚未健全的中枢神经系统，使孩子的脑细胞受损，导致大脑发育不良，严重时甚至会让孩子在小小年纪就神经衰弱。

4. 不能安睡

在安静的环境下入睡，才会有高质量的睡眠，有噪声的环境会让孩子失去宁静的睡眠。睡眠不足甚至会影响孩子的身高。

5. 营养不良

噪声不但影响食欲，还会降低孩子胃肠的消化功能，总是在嘈杂环境下进食的孩子非但不能享受家长精心烹制的美食，还会因为食欲下降和消化功能减弱而导致营养不良。

（三）厨房的儿童安全

厨房是一个对于儿童家居安全造成威胁最多的地方。普通的厨房里也潜藏着很多危险因素。但按照如下的步骤进行精心谨慎的安排，就可以非常安全了。

1. 把刀、剪刀、刨刀、开瓶器和其他尖锐的器械插入刀具架，放到孩子够不着的地方。平时不大用的尖锐器械，如电搅拌器的刀头等储存在带锁的抽屉里。

2. 电饭煲、微波炉、热水器等电器，不使用时应拔掉插头，以免孩子偶然开动。不要把电线垂在孩子可以牵拉的地方，他有可能会用力拉微波炉的电线，然后顺着把微波炉从桌子拉下来砸伤自己。

3. 如果使用燃气灶，一定要把开关牢牢关闭。尤其是不使用时，一定要记得关闭总闸，以免孩子独自无意中打开燃气。

4. 只要你端起滚烫的东西，无论是一杯热牛奶、一盆肉汤还是一道拔丝苹果，你一定要先看看孩子在什么位置，绝对不要端着滚烫的东西从他头顶掠过。

(图片提供:Tom Edwards)

5. 把火柴放到孩子看不见而且够不着的地方，好好收藏。

6. 在厨房里存放一条灭火毯，以扑灭突发的火灾。并且最好能了解一下楼道里的灭火器所在位置。好好了解一下灭火器的使用，多拥有一种营救孩子于危难中的能力。但这仅限于火势较小，能控制时，否则，就要把孩子们带出去并报火警。

7. 按照安全原则购买和储存有毒的家用清洁产品。把洗洁精、去污粉、家具清洁剂、蟑螂捕杀剂和其他危险物品，都放进橱柜的高处或孩子够不着的地方。

8. 不要把不能吃的东西放进盛装食物的容器。进入厨房的孩子，会很想动手提前尝尝食物。他们很可能误认盛器，把里面的东西放进嘴巴。

9. 用微波炉加热时，让孩子远离微波炉，千万不要让他站立在微波炉面前，头部正对着加热区。否则容易影响孩子健康。

10. 很多人习惯收集大量购物塑料袋，以备盛装厨房垃圾。妈妈最好把空的塑料袋折叠打结，这样既节约空间，整洁干净，又可以避免孩子把塑料袋套在头上发生危险。

11. 厨房里最好使用踏脚式加盖垃圾桶，这样可以更好地避免孩子从垃圾桶里取出危险垃圾，如罐头的拉盖、变质丢弃的食物等。

12. 不要在厨房里放置凳子，防止孩子利用凳子来取高处的危险物品。

13. 将贵重瓷器和玻璃器皿放在带锁的壁橱里，或放在宝宝拿不到的高处。

14. 不要将热的饮料、玻璃器具及刀具放在桌子的边缘。放弃铺桌布或垫子一类的想法，以免孩子将上面的物品一同拉下来砸在自己身上。

15. 将门上所有的玻璃块贴上安全薄膜，以防止孩子撞进门时打碎玻璃。同时，可在玻璃上贴上一些彩色图片以提醒幼儿。

16. 电冰箱和烤箱：一定要把冰箱的门关好。孩子也许会爬进去。让孩子远离烤箱门。因为烤箱工作时会很烫，即使停止工作，仍有一段时间会很烫。对于会爬或刚学走路的婴儿尤其危险。

厨房是一个对于儿童家居安全造成威胁最多的地方，需格外注意。

（四）玩具安全

1. 玩具危害排行榜

玩具带来的不光是快乐，不加甄别，也会带来危险。隐藏在玩具中的祸患主要有这样几种：

1）铅

铅是目前公认的影响中枢神经系统发育的环境毒素之一。儿童胃肠道对铅的吸收率比成人约高5倍，由于儿童的中枢神经系统发育未完全，所以对铅的毒性比成人敏感。铅中毒影响孩子的思维判断能力、反应速度、阅读能力和注意力等。而含铅喷漆或油彩制成的儿童玩具、图片是铅暴露的主要途径之一，从而导致婴幼儿铅中毒。

金属玩具、涂有油漆等彩色颜料的积木、注塑玩具、带图案的气球、图书画册等，即便是毛绒玩具，娃娃或小动物的眼睛、嘴唇也都是油漆喷的，漆中肯定含铅。孩子抱着玩具睡觉，吻玩具和不洗手就拿东西吃，都容易造成铅中毒。

2）重金属

很多玩具为了显得有档次而在其表面用金属材料，事实上这对儿童的危害是相当大的。金属材料中会含有砷、镉等活性金属，儿童喜欢舔、咬玩具，如果这些元素含量超标，长期下来就会对儿童造成伤害。老旧的木质游乐设施、书桌或者餐桌的木料中往往含有一种致癌物质——砷，这种成分常常被用在经过加压处理的木质产品上以达到防腐、防霉的功效。砷会脱离家具表面，容易沾染在宝宝的手上。研究人员担心该物质会侵入皮肤，或者当孩子不经意将手指放在嘴里的时候被吃到肚子里去。

砷进入肌体后易与氧化酶结合，造成营养不良，易冲动，也可引起胃溃疡、指甲断裂、脱发；镉进入人体后很不容易排出，慢性中毒可造成贫血、心血管疾病和骨质软化；汞会对人体的脑组织有一定危害，严重的则会危及造血及肝肾功能。

3）病菌

据调查发现，现在孩子们手中的毛绒玩具90%以上有中度或重度病菌污染。而且相对于塑料类玩具来说，毛绒类玩具消毒相对困难，并且极容易再度沾染病菌，而消毒后的塑料类玩具再度沾染病菌的可能性就会小很多。有鉴于此，对于毛绒类玩具应经常消毒清洗，以免成为新的感染源，儿童也尽量少玩这类玩具。

4）邻苯二甲酸盐

邻苯二甲酸盐是一种化学成分，加在塑料中可以增加产品的柔韧性，通常被使用在奶瓶、奶嘴、出牙嚼器、浴室玩具以及其他柔软质地的产品中——大都属于宝宝喜欢往嘴里塞的那种东西。当宝宝津津有味地啃着出牙嚼器的时候，邻苯二甲酸盐微粒就会由产品表面渗出，然后进入宝宝的消化道。

在过去几年里，医学界开始逐渐关注这种化学物质所带来的潜在危害。人们关注的焦点在于，邻苯二甲酸盐可能会扰乱新陈代谢，继而导致荷尔蒙分泌失衡或者神经系统问题。

2. 安全玩具挑选

玩具产品都必须标明适合儿童使用的年龄范围。对于“三无”产品要拒绝购买和使用。而且儿童玩具也不是越多越好，越复杂越好，越贵越好。给孩子选择玩具要注意以下安全方面：

- 有锐利尖点和边缘的玩具应避免为8岁以下儿童使用。
- 3岁以下儿童应避免有小零件的玩具。避免使用体积过小的玩具，以免被吞食后塞住婴儿的喉咙，玩具规格应长在6cm、宽在3cm以上。

• 对于飞镖、弹弓、仿真手枪、激光枪等玩具一定要加强管理，防止儿童在使用过程中伤人。

• 儿童玩具不能含有有毒和危险的化学品。

• 要定期检查孩子的玩具，特别小心有尖锐的边缘和尖点的玩具及有破裂的木头表面的玩具，要将破裂或分离的玩具及时修补起来。玩具内的电池要定期更换，以免电池内的化学物质影响孩子的健康。

• 不要购买一些有损儿童身心健康的玩具，含有黄色内容的玩具等。

玩具应注意是否易于消毒和洗涤。同时避免有小零件的玩具。

• 选购玩具时，应注意其是否易于消毒和洗涤，皮毛制的动物形象玩具，不能洗涤消毒，容易带菌，不卫生，不宜使用。

3. **儿童玩具强制性国家标准**

从2004年10月1日起，《儿童玩具强制性国家标准》实施。市场上销售的玩具必须按照儿童年龄进行等级划分，并要贴上年龄警告标志。而玩具(含试用和免费赠送的玩具)的全部材料还都要检测，只要有一类材质不符合重金属含量的规定，就不能公开销售。

(五) 儿童房的室内环境安全指标

1. **国家规定的儿童房中的室内环境指标**

1) 二氧化碳小于0.1%。二氧化碳是判断室内空气的综合性间接指标，如浓度增高，可使儿童感到恶心、头疼等不适。

2) 一氧化碳小于5mg/m^3。一氧化碳是室内空气中最为常见的有毒气体，容易损伤儿童的神经细胞，对儿童成长极为有害。

3) 细菌总数小于10个/m^3。儿童正处于生长发育阶段，免疫力低，要做好房间的杀菌和消毒。

4) 气温。儿童的体温调节能力差，夏季应控制在28℃以下，冬季室内温度应在18℃以上，但要注意空调对儿童身体的影响，合理使用。

5) 相对湿度应保证在30%～70%之间，湿度过低，容易造成儿童的呼吸道损害；过高则不利于汗液蒸发，使儿童身体不适。

6）在保证通风换气的前提下，气流不应大于 0.3m/s，过大则使儿童有冷感。

7）采光照明。儿童在书写时，房间光线要分布均匀，无强烈眩光，桌面照度应不小于 100lx；

8）噪声对儿童脑力活动影响极大，一方面分散儿童在学习活动时的注意力；另一方面，长时间接触噪声可造成儿童心理紧张，影响身心健康。儿童房间的噪声应控制在 50dB 以下。

9）儿童每小时所需新鲜空气约 15m^3。

2. 影响儿童房的室内环境安全指标的因素

1）家中的水电设施，如插座、鱼缸、饮水机等。

2）室内建筑和装修产生的有毒有害气体，如甲醛、苯、氨气等。

3）儿童房中的装饰和摆设，如地毯、窗帘绳和各种装饰物。

4）儿童的各种玩具造成的污染，毛绒玩具中的尘螨污染，木制玩具上油漆的污染，塑料玩具的挥发性物质等。

5）家中饲养宠物猫、狗等。儿童愿意与它们玩耍并长时间生活在一起，但容易造成细菌、真菌、病毒等生物污染和受到攻击。

6）房间密闭，使室内空气污染加重。

（六）儿童：30 个安全关注

就安全而言，一方面是指选用环保装修材料、环保家具。这方面大家都会非常注意。另一方面，在一些细小的地方，也要十分关注，排除安全隐患。

1. 电源：选用特别制作的安全电源。同时，注意用重家具或其他可遮盖物隐蔽空着不用的插座。任何电器，特别是如果使用插线板，要注意最好放置在孩子不会注意的地方，并要隐蔽电线，避免宝宝把它当作玩具，或发生绕颈危险。

2. 门窗：在窗下尽量少放置可以攀爬的物品，以免孩子趁人不备爬到上面发生危险。为避免上述情况，在窗上加装安全锁是必要的。同时可以加装护栏。在孩子还小时，可以选用门夹装置，防止孩子夹住手脚。尽量避免选择落地玻璃门窗。

安全防电插座插塞：系采用硬式 PVC 精制而成，可完全绝缘。若家中有幼儿必须使用，因幼儿本身对任何事物之好奇心很强，常常会将潮湿的手或金属之类的东西靠近插座而被电击。

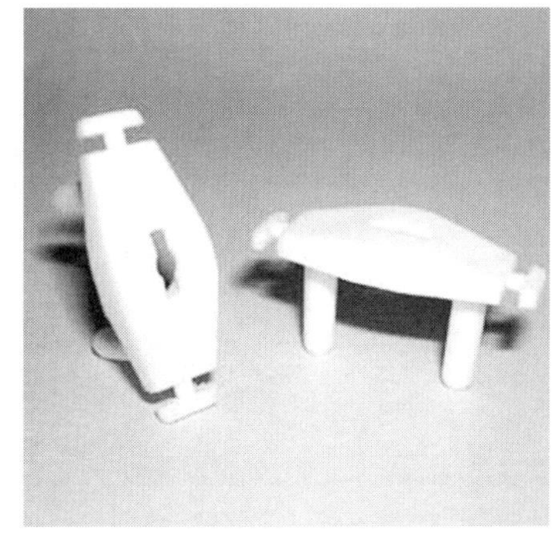

安全防电插座插塞是针对幼儿设计的，采用活动式，可任意取下，安全又美观。

3. 使用锁或锁钩：

每个家庭都需要使用锁来保护宝宝不接触到以下物品：家用清洁剂、漂白剂、消毒液、锐利的工具(如刀叉)、药品等。

4. 灯光：有研究表明，白色灯光对孩子的眼睛发育有不良影响。因此推荐使用黄色灯光。

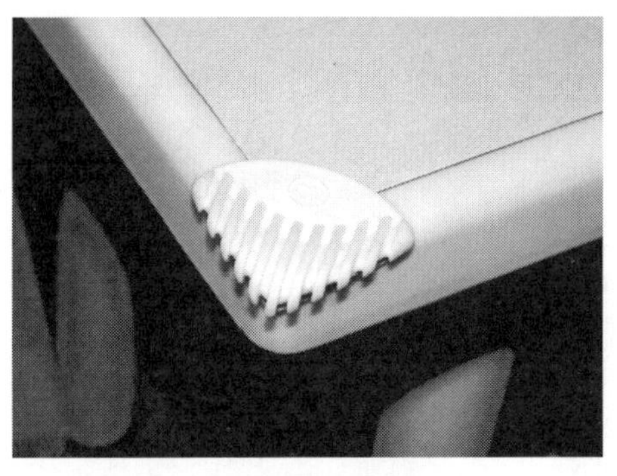

安全防撞护角。

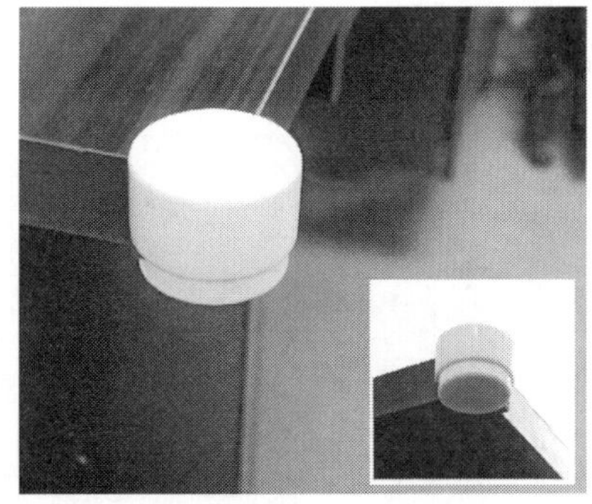

安全防撞角套(圆)。

5. 地面：室内避免选用石材或瓷砖地面，以防孩子摔倒出现意外。为避免孩子过敏，也应尽量避免地毯的使用。

6. 家具的选用：注意避免出现带棱带角的部件或结构，尽量选用圆角的家具或为尖角带上保护套，防止儿童在玩耍时撞伤、碰伤。孩子小时，尽量避免选择玻璃家具，如玻璃茶几、玻璃酒柜等。

冰箱安全锁链，避免宝宝因误开启家中的冰箱、橱柜，而造成不必要的意外伤害。

玻璃门锁。

7. 装饰布：孩子比较小的时候，尽量避免使用装饰布，如桌布。特别是当布上面还要放置某些重或热的东西。孩子很可能会拽下这些布并因此发生烫伤或砸伤。

8. 婴儿床：多数的婴儿床是采用栅栏式的，在选购时注意栅栏间距不得超过6cm，以免宝宝的身体某部位被卡在中间。栏杆最好是圆柱形的，小床的各个角也应是钝圆形的，以免碰伤孩子。婴儿床上的任何线头、绳索都不得超过30cm，以免发生绕颈情况，特别注意某些悬挂玩具或床帷上的线绳。

插座新式安全插塞。

抽屉锁(内置)标准型。

9. 暖气：在有暖气的房间，要对暖气进行处理。如在供暖季节里用毛巾遮住暖气，以免烫伤。

10. 蚊帐：为避免蚊虫叮咬，可在小床上用固定的架子挂上蚊帐，切不可直接将蚊帐布搭在小床上，以免蚊帐布坠落后搭在新生儿的面部，而发生意外窒息。

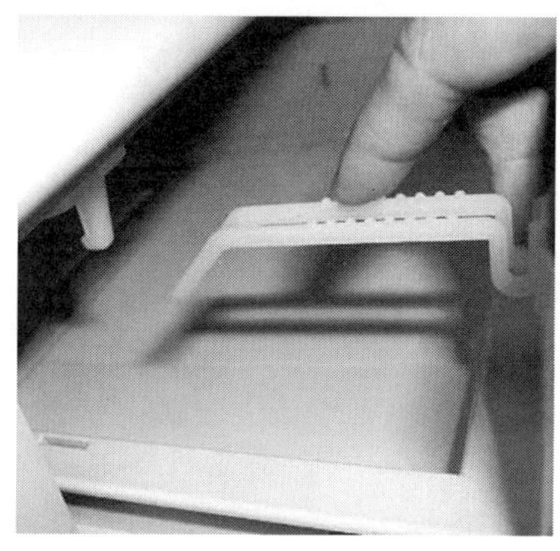
抽屉锁(内置豪华型)。

电线收纳盒。

11. 药物：不要将药物说成糖果来诱哄幼儿，他们会相信你的，当你不在时，他们就会拿来当糖果吃。将所有的药物放在小孩接触不到的地方，并且远离食物。不可为了方便，而把它们放在床头桌、厨房桌上或梳妆台上。如果可能的话，把它们锁起来。

12. 食物容器：不要将有毒物质存放在食物或饮料的容器内。儿童看到这些容器，会误以为是可以吃的东西。

电源插座安全插塞。

电源插座安全插塞构成。

13. 吐根糖浆：家中应长期预备吐根糖浆，放在方便拿取之处，但远离小孩接触。如果打过电话，医生或控制中心建议使用，危急时这是一个最安全的催吐方法。

14. 把空的塑料袋折叠打结，避免孩子把塑料袋套在头上发生危险。

儿童房门防夹胶，用于保护宝宝。

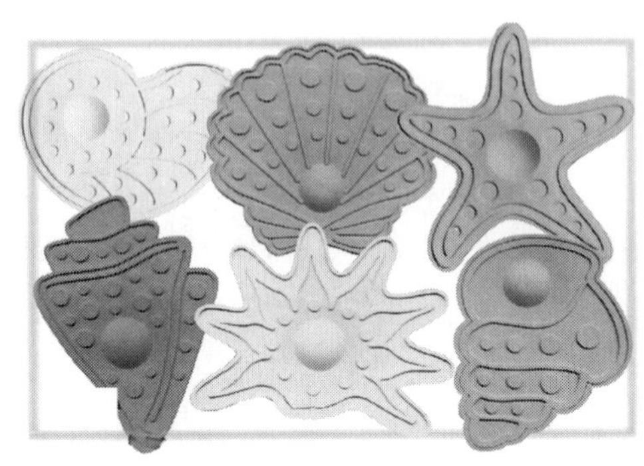
儿童淋浴防滑胶垫。

儿童门栏(可延长,需安装)。

15. 危险物质的丢弃：当你丢弃药物或危险物质时，要确定里面的东西不会被小孩或动物取到。有效的方法是将它用冲水马桶冲走，空的瓶罐必须冲洗干净再丢掉。

16. 危险的模仿：避免在幼儿面前吃药，因为他们喜欢模仿大人。

17. 警告小孩在你准许之前，不可随便吃药、化学物品、植物或浆果，尽量在你小孩还小时，告诉他有些漂亮的东西是危险的，例如，综合维他命、阿斯匹灵，等等。

18. 警告小孩不要自己进浴室玩水，更不可在浴室里推、拉、打、跳，随意开启热水龙头。

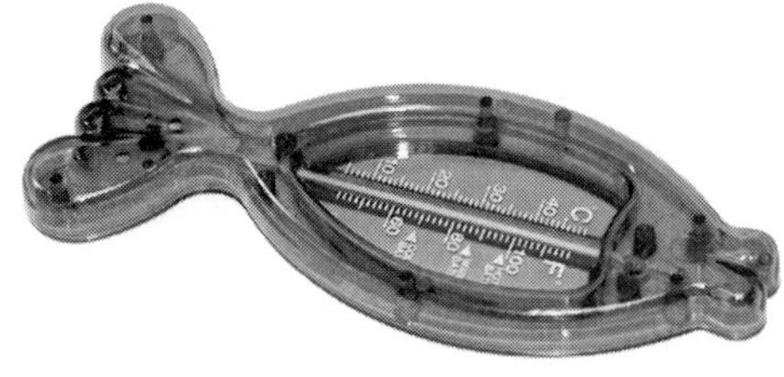
儿童沐浴水温计。

19. 油漆：玩具或墙壁都不应该是油漆表面，否则宝宝会用嘴去尝它，容易中毒!

20. 留意有没有有毒和有刺的植物，花瓶是否容易被推倒，这些都会在孩子接近时伤到他。

21. 电器：电暖器和风扇要用罩子罩住。冰箱的门关好。防止孩子爬进去。

22. 地上不要堆放杂物，如果有不经意掉落的小东西一定要拿开，比如花生米、瓜子、纽扣、硬币、水果籽、玩具零件或塑料袋等。

不要让孩子自己进浴室玩水，更不可在浴室里推、拉、打、跳，随意开启热水龙头。

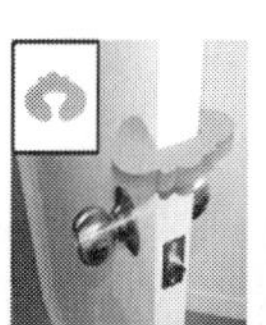
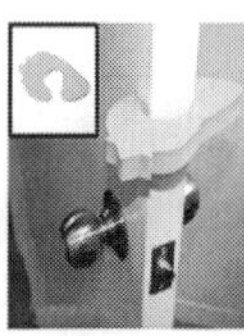

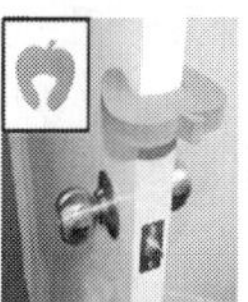
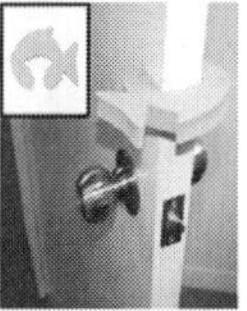

儿童新式房门防夹胶。

房门防反锁套。

房门防夹胶。

柜门安全拉锁。

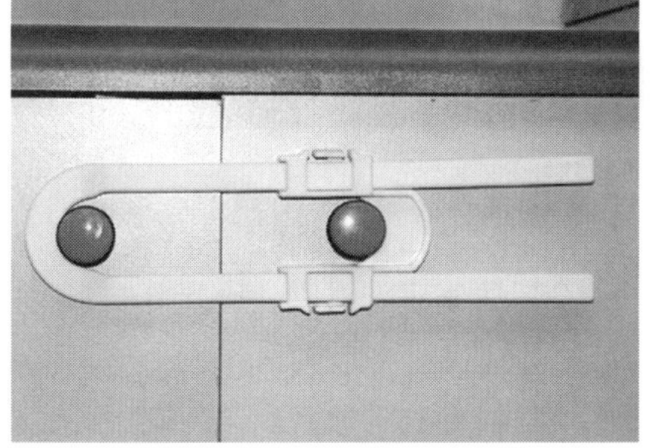

柜门安全拉锁链。

23. 不要让宝宝有机会拿到打火机、火柴、牙签、铅笔、钢笔、锐利的玩具之类的危险品。

柜门锁(内置)标准型。

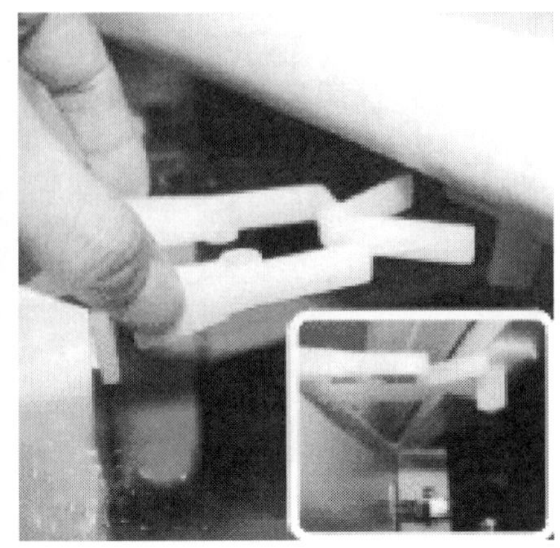
柜门锁(内置)豪华型。

24. 不要让宝宝玩任何直径小于3.5cm的东西，比如弹球、铜板、安全别针等。

25. 宝宝活动范围内不可以有塑料袋、热水、药品、易燃烧物、缝纫用具、未覆盖的插座和电线。

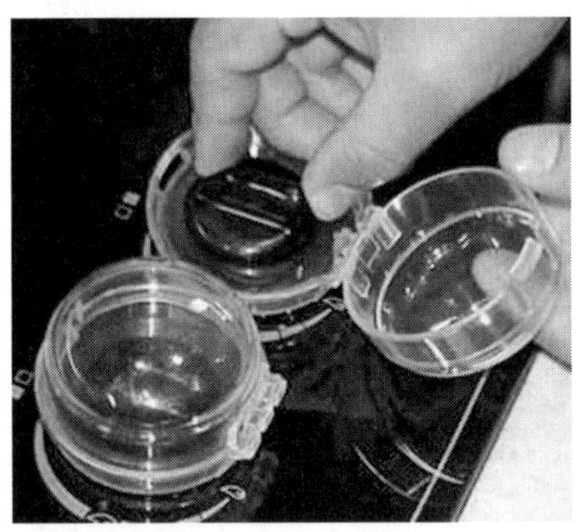
煤气灶开关锁。

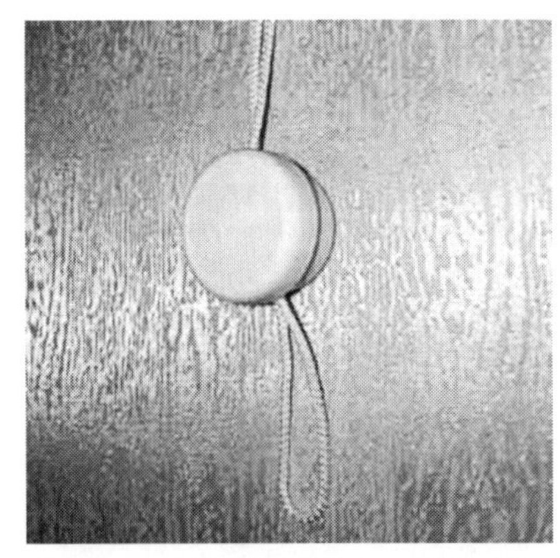
收绳器：可将多余绳索收起，避免因绳索过长而引发绊跌或幼儿绕颈的危险。

26. 为宝宝洗澡时，应先放冷水，再加热水，以防宝宝突然伸出手、脚到水里而被烫伤。

27. 冲牛奶、准备副食品或喂食时，热水、刀、筷、汤匙、桌布等应远离宝宝，免得他好奇乱摸，却又控制不好自己的动作而被热水烫伤，被刀子割伤或被筷子戳到眼睛。

透明安全防撞角套(方)。

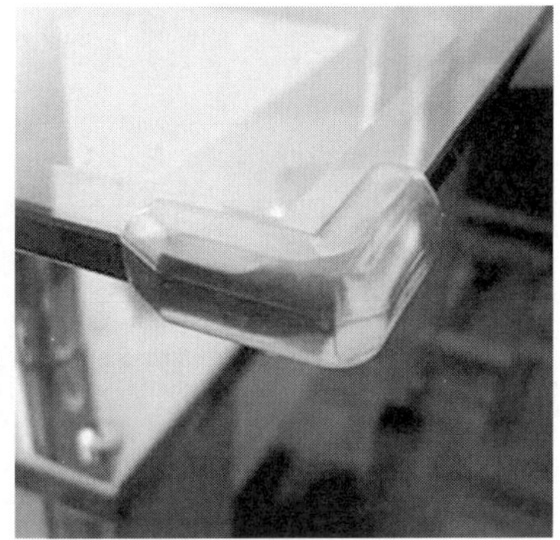

透明安全防撞角套(适合于玻璃)。

28. 远离楼梯口(以防宝宝摔落楼下)、电线、电锅、有桌布垂下的桌子、玻璃窗、镜子以及尖锐的桌角、椅角等。

29. 按照安全原则购买和储存有毒的家用清洁产品。把洗洁精、去污粉、家具清洁剂、杀虫剂和其他危险物品，都放进橱柜的高处或孩子够不着的地方。

透明安全防撞角套(圆)。

万用锁。

30. 手表、照相机里用的小电池也易被宝宝吞咽。这种小电池有两种危险性，除了吞咽使呼吸道堵塞噎着外，如进入肠胃，小电池的铅融化对身体产生毒害，导致死亡。

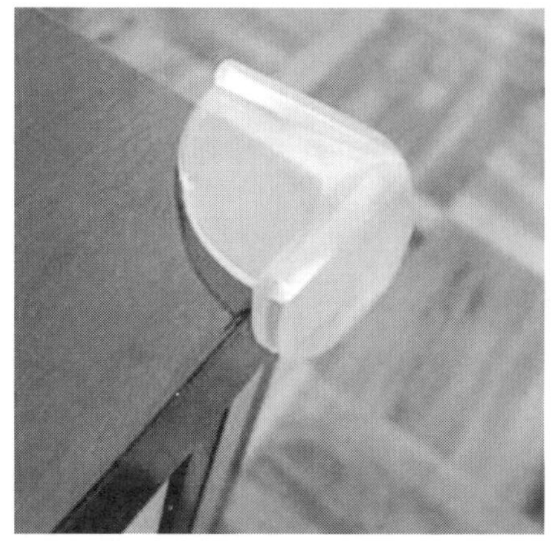

雾面安全防撞角套(方)。

影碟机锁。

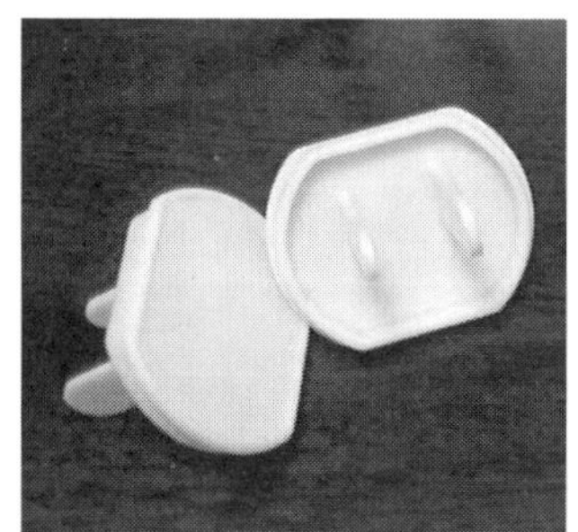

硬式 PVC 安全防电插座插塞。

幼儿淋浴防滑胶垫。

幼儿学步带——宝贝学走路避免危险的好帮手。

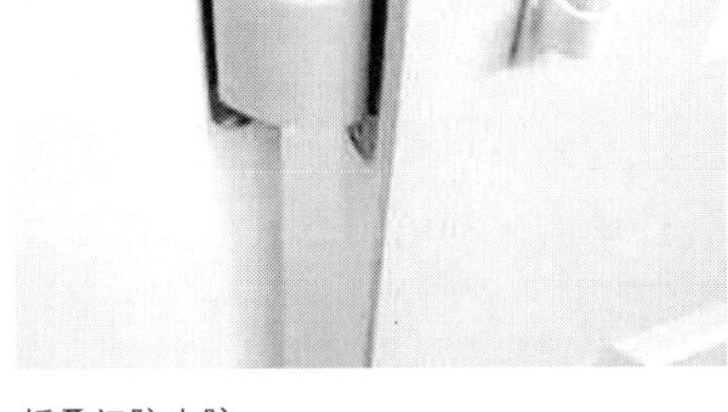

折叠门防夹胶。

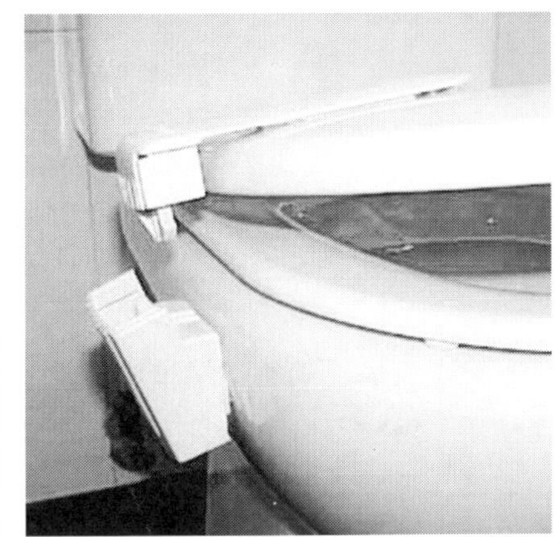

坐便器安全锁链。

（七）特别提示：保存儿童衣服不要用卫生球

卫生球是一种价廉物美的驱虫防蛀品，但小儿的衣物则不宜用卫生球存放。

因为市场出售的卫生球不是用天然樟脑制成的，它的主要化学成分是萘及萘酚衍生物。有一种遗传缺陷所引起的血液病，在患儿的红血球中缺乏6－磷酸葡萄糖脱氢酶。这种患儿的发病率在5%～50%之间，虽然他们平时像正常人一样，无任何症状，但接触到某种化学物质，如萘酚类的物质及一些药物及食品后，就会影响红血球的氧化还原过程，可能引起细胞的破坏而发生急性溶血性贫血，严重还可能发生核黄疸，以致死亡。因此小儿的衣物不要用卫生球来防蛀。

六、老年人和残障人士的家居安全

突发疾病、紧急事件和功能设计不当(地面不平、楼梯过陡、缺少安全扶手、用材不当、家具尖角等因素)，造成老人跌伤、挫伤、骨折、脑出血等，是危害老人生命安全的最大隐患。

(一) 功能的安全设计

1. 针对摔伤

摔跤是老年人常发生的意外。大部分摔跤是由环境不良因素引起的，摔跤后会不可避免地导致身体不同程度的损伤甚至骨折，对老年人身心健康造成严重的影响。

1) 照明灯光昏暗或者光线直射。强光直射或暗环境易导致老年人眼花、视线模糊、看不清前方的路面情况而摔倒。

2) 地面不平或地面太滑。尤其是当老年人在浴室或洗手间时，易因脚下打滑而摔跤。

3) 楼梯过陡或台阶过高，周围没有安全扶手或扶手安装不当，或者楼梯太滑，均可影响老年人上下行走，稍有不慎容易摔跤。

4) 过道有障碍物，不小心绊一下，老年人站立不稳就容易跌倒。

5) 坐椅不稳，没有扶手，无靠背或靠背太低，床过高等。老人容易在不经意间发生意外。

6) 鞋靴不合适。鞋跟过高或鞋底太滑而致摔跤发生。

因此，预防老年人摔跤应注意改善环境因素。有效的对策是:

• 卫浴空间

卫浴空间是老年“事故多发地”，特别是浴室最容易发生意外。水汽造成地面湿滑，会令老人跌倒从而造成非常严重的伤害。因此地面一定要选择防滑材料，此外，还可将防滑垫放置在浴室门口、浴缸外侧及洗面盆下方等处。而且必须设置安全扶手，老人也应该穿着具有防滑作用的拖鞋，以防不小心滑倒。

• 设置安全扶手和淋浴坐椅

对于老人来说，再多的安全保障都不为过。随着年事渐高，许多老人开始行动不便，起身、坐下、弯腰都成为困难的动作。除了家人适当的搀扶外，设置于墙壁的辅助扶手更成为他们的好帮手。选用防水材质的扶手装置在浴缸边、马桶与洗面盆两侧，可令行动不便的老人生活更自如。

地面湿滑会令老人跌倒从而造成非常严重的伤害。因此地面防滑十分必要。

• 居室的地面

居室的地面也最好选择防滑材质的。否则光滑的地砖或木地板一旦不小心洒上了水，就极容易令老人滑倒。

• 楼梯与台阶

老年人腿脚不便，上下台阶甚至两脚同踏一个踏面，对常规的台阶尺度很难适应。每年都有老人因楼梯设计不当，摔伤甚至死亡。采用缓坡楼梯，加大踏面宽度，并在踏面边缘设置异色防滑条，能满足老人的特殊体能需要，缓坡还可消除老人向下俯视产生的恐惧感。

老人起身和坐下较为不便，所以老人用的沙发，扶手必须相对较高。

• 灯光

因为老人大多视力有所下降，因而室内光源尽可能要明亮一些。例如在走廊、卫生间和厨房的局部、楼梯、床头等处都要尽可能地安排一些灯光，以防老人摔倒。但同时应避免光线直射。强光直射或暗环境易导致老年人眼花、视线模糊、看不清前方的路面情况而摔倒。

• 家具

可折叠、带轮子等机能性强的家具，容易对老人造成使用上的伤害。宜选稳定的单件家具，固定式家具更是良好的选择。零散物品容易绊倒老

家有老人的卫生间应避免大量使用镜子作墙面，防止老人眼花而摔倒。

体量较大的浴缸应采用或增加防滑表面。

人，最常见的是散乱的电线等，可以用挂钩加以固定，让空间既清爽又安全。

2. 针对使用

1）卫浴空间

老年人身患泌尿系统病症较为普遍，卫生间位置离卧室越近越方便；卫生间的面积在考虑轮椅老人进出的同时，还要考虑可能有护理者协助操作，空间应相应加大；卫生间洁具应用白色，易于随时发现老年人的某些病变。

此外，坐便器上装置自动冲洗设备，可免除老人回身擦拭的麻烦，于老人来说十分实用。另外，老人也多不能久站，因此在淋浴区沿墙设置可折叠的坐椅，既能节省老人体力，不用时收起又可节省空间。

2）尖角

家具的边缘，有凸出部分的柜子，尖锐的桌角、椅角等，在突发病患或不慎跌倒时，都有可能会伤及老年人，应尽量减少室内尖角数量，多用柔软材质的安全家具，在有尖角的地方加装防护设施，如圆弧角防护棉垫等。

3）玻璃门窗

室内玻璃门窗在老年人和残障人士的家居中，应尽量不使用或少使用，外墙窗户应选择外开或推拉式，以防不慎撞破玻璃。同时还可选择彩色标签贴在玻璃门窗上。

4）开关与灯光

开关要科学合理，在一进门的地方要有开关，否则摸黑进屋去开灯容易绊倒；卧室应设置夜灯，以便老人随时起夜。

5）空间的方便

对于老人来说，流畅的空间意味着他们行走和拿取物品更方便。这就要求家中的家具尽量靠墙而立；衣柜、壁柜等家具的高度不应过高。老年人多半腿脚不够灵便，如果柜子过高一定会给老年人带来不便，所以为了老年人的安全，家里最好不要设置众多“高大”的家具，不妨试试多一些矮柜。而床应设置在靠近门的地方，方便老人夜晚入厕。

走道和房间不得设门坎，室内地面不宜有高差。

流畅的空间意味着行走和拿取物品更方便，因此老人房最小墙面不宜小于3m。

6）烫伤

老年人有时像个孩子，他们经常会在开热水龙头时，不小心烫伤自己，所以当家中选择热水龙头时，必须选用带安全按钮的热水龙头。

7）空间色调

所有的楼层平台、通道地面，都不宜使用黑色和深色面料，因为黑色在视觉上属后退色，会令老人产生如临深渊之感，不敢投足。

洗脸盆台面板应采用圆边以减少危险。

(二)突发疾病和紧急事件的安全

1. 必要的准备

• 如果你在紧急中不能方便走动或不够迅速，或不能自救，应有安排好的一些人来查看和帮助你。

这些人应该是家人、邻居和附近街区的人，前两者可以在突然发病，火灾，或燃气泄漏等情况时提供帮助，而后者则可以在发生地震等大的灾难时提供最及时的救援。

• 呼唤帮助的工具和方式最好是简单快捷的，尽可能不需要体力和电力，而且易携带。例如，床头的拉铃、按铃，哨子、带录音和扩音功能的喇叭等，当然也包括固定电话、手机、BP 机和家居安防系统中的紧急呼救装置。

• 设计一份个人的紧急援救卡片或支持网络(包括姓名、年龄、血型、住址、身份证号码及急救药物清单，亲友和联络人联系方式)，让别人能够立刻了解你的情况并确保你得到所需要的一切。

• 距你最近的亲友和联络人，也可能会在大的灾难或紧急事件中出现问题而不能帮助你。如果他们未能工作。你必须跟你的备用联络人或医生商量关于提供给你一个怎么做和在什么地方得到帮助的后备计划。

• 尽可能长期保存足够三天使用的处方药物。如果平时需要使用氧气的，更要保持五天紧急之用或更多的药物。

• 所有药物用具需要电力操作的(例如呼吸辅助器和注射泵)，必须查询医疗用具供应商关于一套后备设备和电力来源的时间及途径，这可能包括一盒电池或小的发电机。

2. 应急的装备

• 包括必需的药物与设备，以及纸、笔、防尘口罩、水和一些重要电话号码。

• 紧急援救卡片(包括姓名、年龄、血型、住址、身份证号码及急救药物清单，亲友和联络人联系方式)。

• 呼唤帮助的工具。如在身旁放一个口哨或带录音和扩音功能的喇叭等，以便在需要时呼叫帮助。

• 保留一些帮助行走的辅助设备在身边。如轮椅、拐杖和助行架等，当作紧急时后备之用。

(三) 老年人家居安全的相关规定

所有门洞的净宽应大于 800mm(门扇宽度应宽 820～830mm)，保证轮椅顺利进出。

家中有老人时，不宜使用旋转楼梯。
(图片提供：黄喜雨)

(1) 户室内门厅部位应具备设置更衣、换鞋用橱柜和椅凳的空间。

(2) 户室内面对走道的门与门、门与邻墙之间的距离，不应小于 0.50m，应保证轮椅回旋和门扇开启空间。

(3) 户室内通过式走道净宽不应小于 1.20m。

(4) 过厅、走道、房间不得设门坎，地面不宜有高差。

(5) 走道两侧墙面 0.90m 和 0.65m 高处宜设 ϕ40～50mm 的圆杆横向扶手，扶手离墙表面间距 40mm。扶手宜选用优质木料或手感较好的其他材料制作。

(6) 楼梯踏步踏面宽度不应小于 300mm，踏面高度不应大于 150mm。

(7) 楼梯踏步踏面前缘宜设高度不大于 3mm 的异色防滑警示条，踏面前缘前凸不宜大于 10mm。

(8) 楼梯不得采用扇形踏步，不得在平台区内设踏步。

(9) 卫生间内与坐便器相邻墙面宜设水平高 0.70m 的“L”形安全扶手或“‖”形落地式安全扶手。贴墙浴盆的墙面应设水平高度 0.60m 的“L”形安全扶手，入盆一侧贴墙设安全扶手。

(10) 卫生间宜选用白色卫生洁具，平底防滑式浅浴室。

(11) 冷、热水混合式龙头宜选用杠杆或掀压式开关。

(12) 起居室使用面积不宜小于 14m^2，卧室使用面积不宜小于 10m^2。

(13) 矩形居室的短边净尺寸不宜小于 3.00m。

(14) 坐便器高度不应大于 0.40m^2，浴盆及淋浴坐椅高度不应大于

0.40m^2。浴盆一端应设不小于0.30m宽度的坐台。

(15) 老年人住宅户门和内门(含厨房门、卫生间门、阳台门)通行净宽不得小于0.80m。

(16) 老年人建筑内部墙体阳角部位，宜做成圆角或切角，且在1.80m高度以下做与墙体粉刷齐平的护角。

(17) 老年人居室不应采用易燃、易碎、化纤及散发有害有毒气味的装修材料。

(18) 厅室、走道地面，应选用平整防滑材料，宜用硬质木料或富弹性的塑胶材料，寒冷地区不宜采用陶瓷材料。

(19) 老年人通行的楼梯踏步面应平整防滑无障碍，界限鲜明，不宜采用黑色、深色面料。

(20) 老年人居室不宜设吊柜，应设贴壁式贮藏壁橱。

(21) 老年人居住建筑居室之间应有良好隔声处理和噪声控制。允许噪声级不应大于45dB，空气隔声不应小于50dB，撞击声不应大于75dB。

(22) 老年人居室夜间通向卫生间的走道、上下楼梯平台与踏步连接部位，在其临墙离地高0.40m处宜设灯光照明。

(23) 起居室、卧室应设多用安全电源插座，每室宜设两组，插孔离地高度宜为0.60～0.80m；厨房、卫生间宜各设三组，插孔离地高度宜为0.80～1.00m。

(24) 电源开关应选用宽板防漏电式按键开关，高度离地宜为1.00～1.20m。

(25) 老年人居住建筑每户应设电话，居室及卫生间厕位旁应设紧急呼救按钮。

(26) 老人院床头应设呼叫对讲系统、床头照明灯和安全电源插座。

(四) 特别提示：安全、方便和愉快

对老人家居装修时，老龄环境的最基本原则应为安全、方便和愉快。安全主要体现在从室内材料如地面、墙面材质到各房间内能随时召唤护理人员，有各种按铃报警装置、洗浴设施、过道两边扶手等的安全因素。

对老人家居装修的细节，我们必须坚持，无论从过道走廊，进出各自

单元、餐饮，到调节室内的温度和灯光均应遵循步骤和方式从简原则，各类开关最好以声控和触摸为主。楼道和各类走廊均应简洁明了，有极强的方向感，一切都是以安全为目标。功能的设计必须为被服务者的安全负责。

七、动植物的家居安全

(一) 宠物家居安全

1. 宠物的危险

即使你的宠物经常留在室内，也不要以为它们一定安全。实际上，你可能还未意识危机随时会威胁到你的安全，或者你以为只有较凶猛的、体量较大的或活泼好动的动物才会有危险，但事实却不尽然。

1) 宠物受到压力时(或受惊时)主动攻击

当宠物受到压力时(或受惊时)的反应会不同，最服从的宠物都会惊慌，会抓、咬和尝试逃跑，因此当宠物感到害怕、兴奋、疼痛、受惊和受到刺激的时候，最为危险，容易伤害人类。

无论你是在跟自己的宠物狗玩还是和邻家的猫游戏，都需要遵守下面的安全准则：

- 不要拽宠物的尾巴和耳朵。在宠物恐惧、痛苦的时候，不要抱着它不放(因为往往在这时候，宠物会采用抓或咬的办法逃走)。
- 应该时常检查和修剪宠物的指甲是否在一个安全的范围内。
- 不要随意接近陌生的宠物，无论它看起来多么温和，多么友好。
- 尽量不要在陌生的环境下和宠物玩耍，因为动物往往对陌生的环境敏感，而变得不友好。
- 学会如何向小动物表示自己的友好，例如当狗嗅你身上的气味时，你应该保持身体正直，然后慢慢地伸出手，轻轻地触摸小狗。
- 对于生病的，正在睡觉的，正在吃东西或者正在照料小宠物的宠物妈妈，千万不要去打扰它们。
- 如果被一条狗攻击，并被扑到在地上，你应该蜷起身子呈一个球状，护住自己的头和脖子。决不能跑，踢打宠物或者表现出自己的恐惧。
- 被狗咬很可能是在和狗打闹的过程中，你并没有意识到狗已经被激怒了。你也不要试图触摸一只发怒的猫，此时猫会弓起身，竖起全身的毛，喉咙里发出呼呼的声音。

2）宠物撒欢时

小动物特别容易受绳和线吸引，并误以为是玩具，若不慎吞下更会阻塞肠道或导致窒息，若连针一并吃下，后果就更不堪设想。此外，动物玩弄窗帘绳和百叶窗亦容易被缠着，因而受伤甚至被勒死，其挣扎时极易给人和室内物品造成伤害。

尤其是体量较大的犬类(如藏獒等)，当其撒欢扑向主人时，能轻易将人扑倒，若在楼梯、露台、厨房，有圣诞树、鱼缸，或在地面较滑的情况下，较易造成伤害，特别是当主人手拿危险品(开水、刀剪、重物)时。

3）假日危机

欢乐的节日也可能暗藏危机，因为佳节当前，各式美食不免会令宠物垂涎欲滴，想来分一杯羹。酒类差不多是假期必备饮料，但如果动物喝下一定分量的酒精，便会引发连串致命的并发症。除了杂果宾治外，香水、古龙水及须后水亦含有酒精成分。这些物质，特别须后水含有高浓度的香精油，会导致呕吐、腹泻及心跳过速。这不仅仅会危及宠物安全，也会因宠物的失控而危及人员安全。

预防方法:

切勿随处摆放朱古力和果仁等食物，植物亦应放在宠物接触不到的地方，还有勿让动物进入设有圣诞布置如圣诞树的房间。

4）电线

假如动物咬或用沾湿的爪触及电线，可以致命。同时也会危及到主人特别是家中孩子的安全。

预防方法:

确保家中没有任何暴露的电线，这不但能确保动物安全，亦可保障家人。如需要单独留动物在家中，便应尝试将它们关在没有电线的房间内。

5）动物疫病

现代医学证明，一些宠物身上带有大量的与人类共患的疫病。以猫、狗宠物为例，据不完全统计，它们身上竟有 150 多种影响人类安全的疫病，宠物造成的动物疫病流行的潜在灾难正在威胁我们国家的公众健康和卫生安全。

A. 弓形虫

一般来说，猫是弓形虫的终宿主，但在狗及其他家畜中也存在传染源。通常人们受到传染时没有任何症状，因此常忽视它。

弓形虫对女性的危害十分严重。女性一旦怀孕，渗入血中的病源体会通过血液影响胎儿。弓形虫除了可造成孕妇流产、早产、死产外，引起胎儿畸形的种类达38种之多；婴儿出生后，主要表现为眼有斜视、视网膜炎、失明、脑积水、肝脾肿大、黄疸、弱智。染上弓形虫的婴儿有的还表现为远期后发症状。因为弓形虫的病原体像个包囊，以隐蔽的状态潜伏在人体内，什么时候囊体开了，病原体才会显现出症状。有的包囊往往潜伏长达10年、20年之久，囊壁才裂开。因此，染上弓形虫的婴儿幼年甚至少年时期也许与常人一样，但日后仍会发生症状，造成难以预料的后果。

为了确保安全，应保持人与动物之间的“距离”。凡是养过宠物的青年女性，在准备怀孕之前，应去医院检查，如果弓形虫的抗体成阳性，则应经治疗转阴后方可怀孕。

后天获得性弓形虫病主要是经口感染，误食猫、狗粪便中排出弓形虫的卵囊；另外，猫、狗等动物的唾液和痰中也有弓形虫，可从宝宝的黏膜或破损的皮肤进入体内，症状轻重不一，有低热、头痛、咽痛、肌肉酸痛、乏力易疲劳等，也可有颈部或腋下淋巴结肿大，无压痛，不化脓。

B. 狂犬病

狂犬病是由狂犬病病毒引起的人与动物共患的一种危险的急性传染病，潜伏期多数在3个月之内，长者3年以上。潜伏期长短一般与年龄、伤口深浅、伤口部位以及伤口处理情况几个因素有关：年龄小的则潜伏期较短，伤口较深则潜伏期短，头面部被咬伤者发病较早，被咬伤后伤口未经及时处理或处理不当则发病较早。狂犬病发作期间，会表现为高度兴奋，极度恐惧，怕风、怕水，听到水的声音，饮水或提到饮水时，都可引起咽喉肌痉挛，其他刺激如光、声音、碰触也都可引起全身疼痛性抽搐、呼吸肌痉挛、呼吸衰竭而死亡。

C. 猫抓病

通过接触病猫的唾液或排泄物等可能得此病。

猫抓病是由一种叫立克次体的病原(介于病毒和细菌之间)感染引起的

全身性疾病。在与带有病菌的家猫玩耍时，被猫抓或咬伤(另外狗、猴等也可传染)，或接触病猫的唾液或排泄物等都可能得病。

被猫咬、抓后3～10日，局部皮肤出现一个至多个红色斑丘疹，转为小脓疱，疼痛不明显，穿破形成小溃疡，1～3个星期可结痂，这些皮疹多见于面颊、手、足、前臂、小腿等，还会引起全身不适，乏力、低热、头痛、咽喉痛、胃口不好等。被抓伤感染后1～2周，大多数有颈部、腋下、颌下、腹股沟等处淋巴结肿大，表皮稍热，轻度触痛，部分化脓，一般2～4个月消退。有少数严重病人并发中枢神经及周围神经病变，如脑炎、脑膜炎、视神经炎、脊神经根炎等。

D. 外寄生虫

一般是指跳蚤、虱子和蜱。这些寄生虫是可以直接影响到人类皮肤的，婴幼儿的皮肤发育还不完全，更易受到影响，如果皮肤对这些外寄生虫的叮咬过敏，会引起严重的局部红肿。

E. 其他

蛔虫、绦虫：蛔虫、绦虫进入人体后，经过发育可以再回到口腔，然后再一次通过口腔进入体内，并且可以随着血液在人体内循环移行，有可能引起肺炎和脑部损伤，并且可以感染胎儿。

钩虫：钩虫通过皮肤接触就可以传染人类，引起皮炎、便血以及营养不良。

6)“口袋宠物”

“口袋宠物”又称另类宠物，主要指的是天竺鼠、土拨鼠等一些鼠类小动物。这些小动物看起来模样可爱，其实有些暗藏“杀手”。它们可能在一边享受人类爱抚的时候，一边向人类传播致病细菌。

更令人头疼的是，这些细菌对5种不同等级抗生素药物都有抗药性，因此给治疗带来很大麻烦。

美国疾病控制与预防中心针对“口袋宠物”构成的安全危害，建议：

- 在触摸过啮齿动物及它们的箱子或被褥后要立即洗手。
- 每次运载宠物之前和之后，宠物店和买主都应清理一遍承载宠物的容器和笼子。
- 宠物主最好不要亲吻宠物或让宠物离自己嘴太近。
- 不要让宠物靠近厨房或食物。

2. 救治措施

被宠物咬了以后，经常会感染；即便是只被猫抓了，细菌也会随着抓痕传播。应该立即用水冲洗伤口，然后用肥皂和温水浸泡(避免使用碘酒或其他消毒液，因为这些东西会加重疼痛的感觉)，并且马上到医院就诊。

如果伤口流血很严重，用手按压出血的区域5分钟，直到流血减少。如果此时伤口已经不流血，用清水和肥皂把伤口冲洗干净。记住不要包扎伤口，马上到医院就诊。

如果出血不多，但伤口很深，尤其是被狗咬伤后1～3个月内，孩子表现出想吐或情绪不好，浑身乏力；被猫抓伤后10～20天内，如果腋窝或胯下的淋巴腺体发肿，就表示情况比较危险。

有必要的话要根据医生的要求注射狂犬疫苗或破伤风疫苗。

确认一下狗是否已经注射了狂犬疫苗。

3. 宠物防疫与卫生

A. 宠物需要注射哪些防疫针

如果你决定家里多一个宠物成员，那么一定要做好防疫工作，这是保证家庭安全的必需条件。一般来说，宠物需要注射以下疫苗。

宠物狗的疫苗：
- 进口犬六联
- 进口狂犬
- 进口窝咳苗

宠物猫的疫苗：
- 进口猫三联
- 进口狂犬

B. 宠物一定要定期到医院、防疫站驱虫

1岁半以下的幼犬以及1岁的猫应一个月驱虫一次，成年犬半年驱虫一次，成年猫一年驱虫一次。另外，宠物猫犬除了常规驱虫以外，还要进行非常规驱虫，即发现宠物粪便有虫要随时驱虫。

C. 宠物卫生

宠物的来源要健康，养在家里，不要让它们在外边流浪，喂洁净的水和熟食，或狗粮、猫粮，不喂生食和被污染的饮食。猫的便盆以及便盆周围的环境要勤打扫，勤用吸尘器吸，勤清洗。消毒水对绦虫没有作用，主要依靠打扫卫生。

吃东西之前，一定要用肥皂洗手。因为绦虫通过消化道传播，即人吃

进绦虫污染的食物而感染，所以吃东西之前洗手是绝对必要的。另外尽量不要让宠物触碰人的食物也是避免感染的办法。

(二) 植物安全

居家种养花木，既可观赏又可怡情养性，但有些花木虽美却有毒，须理性取舍。

植物摆放应根据光合作用原理，放在空气流通、光照适宜的地方。不宜摆放在卧室等房间，因为夜间植物会放出 CO_2 影响空气质量，有些植物夜间排放的气体含有害成分，严重影响健康。

有些花木虽美却带有毒素，有碍健康。(图片提供：Golden obyssey hotel)

对于花木，“观赏”二字极为重要，观赏是用喜爱的心情来领略其中的意境。尽量不用手摸，摸后要洗手。鼻闻，不可以鼻作深呼吸。花木芳香怡人，但花中的花粉及花朵上的细菌和病原微生物有可能随着呼吸而进入体内，引起疾病。

此外，还有一些花木本身就带有毒素，家居庭院或室内种植对健康安全有碍。

85 种有毒花木

序号	花木名称	毒性分析
1	一品红	白色汁液对皮肤有刺激作用
2	十大功劳	根的提取物可引起骤然死亡
3	九里香	茎叶汁有局部麻醉作用
4	万年青	根茎含万年青苷，有毒
5	山茶花	种子有毒
6	广东万年青	在国内文献中记载有毒
7	女贞	根及茎皮有毒
8	马利筋	全株有毒，汁液毒性最大
9	马缨丹	枝、叶有毒，引起慢性肝中毒
10	马蹄莲	根状茎、佛焰苞有毒
11	木鳖	根有毒，可导致死亡

续表

序号	花木名称	毒性分析
12	毛地黄	全草有毒，有毒成分为强心苷
13	长春花	抑制人体造血系统
14	乌桕	接触汁液可引起刺激与糜烂
15	凤仙花	文献报道有微毒
16	文殊兰	食用可引发中枢神经系统麻痹
17	水仙	全草有毒，以鳞茎毒性最大
18	玉帘	中毒症状未见报道
19	玉簪	全株有毒，有毒成分不详
20	石蒜	以花毒性最大，鳞茎次之
21	石榴	根皮及茎皮有毒
22	龙牙花	可产生麻痹和镇静作用
23	矢车菊	可引起四肢麻痹
24	丝石竹	可发生强烈呕吐、下痢等症状
25	夹竹桃	叶、花、根等均含有毒成分
26	朱顶兰	文献记载有毒，成分不详
27	合欢	可引起喉部刺激难受
28	羊踯躅	对呼吸、循环系统有抑制作用
29	红背桂花	引起暂时失明，重致永久失明
30	杜鹃花	大多具剧烈毒性
31	芫花	引起强烈的水泻和腹痛
32	芸香	挥发油在国外用于流产
33	花叶芋	可引起舌喉肿痛
34	花菱草	含有毒化学成分
35	花叶万年青	对喉产生剧烈刺痛，可使声带麻痹
36	苏铁	是一种肝脏毒素，并能致癌
37	含羞草	有毒，可致突然脱发和动物脱毛
38	龟背竹	液汁有刺激及腐蚀作用
39	枇杷	种子及幼嫩叶有毒
40	茉莉花	根有毒
41	茑尾	出现腹泻、呕吐等症，种子有毒
42	虎耳草	全草有小毒

续表

序号	花木名称	毒性分析
43	垂柳	叶、皮有毒，可致人丧失知觉
44	侧柏	枝、叶有轻微毒性
45	金刚纂	茎、叶、汁液有毒
46	夜来香	有毒成分不详
47	夜香树	可产生反应迟钝、心动过速等
48	忽地笑	全株有毒，会致流涎、舌硬直
49	变叶木	刺激皮肤和眼睛，引起红肿
50	南天竹	引起兴奋，脉搏先快后慢且不规则
51	牵牛	刺激肾脏，引起血尿
52	香豌豆	脊、髓功能障碍
53	洋槐	茎皮、叶、豆荚和种子均有毒
54	洋紫荆	有毒成分不详
55	除虫菊	对过敏的人吸引起皮疹、鼻炎
56	结香	有毒成分不详
57	络石	引起恶心、脚手麻木、面色苍白
58	珠兰	致面色发白、意识模糊
59	桂竹香	种子有毒
60	荷包牡丹	全草有毒
61	铁海棠	可引起腹泻等症
62	铃兰	可引起流涎、呕吐、心悸等症状
63	海芋	液汁会引发瘙痒甚至失明
64	海葱	可引起疲倦、嗜睡、共济失调、痉挛
65	海红豆	可引发呕吐、脉搏微弱、瞳孔放大
66	绣球花	可出现疝痛、呼吸急促、下泻
67	菖兰	球茎有毒
68	黄杨	引发腹痛、腹泻、步态不稳、痉挛
69	黄蝉	可引起循环及呼吸系统障碍
70	黄花夹竹桃	以种子毒性最大，可致死亡
71	常春藤	枝、叶有毒
72	银杏	种子有毒，以绿色时最毒
73	银边翠	有毒成分不详

续表

序号	花木名称	毒性分析
74	绿玉树	液汁有毒，可致暂时失明
75	萱草	可导致瞳孔散大、呼吸抑制
76	紫藤	体弱者服二粒种子即可引起中毒
77	紫茉莉	出现口唇麻木、皮肤麻木、疼痛、触觉减退
78	腊梅	果实及枝叶有毒
79	蓍草	全草有毒
80	虞美人	全草有毒
81	豪猪刺	有毒成分不详
82	翠雀草	出现四肢无力、呼吸困难
83	醉鱼草	出现呼吸困难、四肢麻木和震颤等症状
84	醉蝶花	引发头痛、眼眶肿痛、瞳孔中度散大
85	蝴蝶花	有毒成分不详

(三) 其他威胁

1) 当孩子被松毛虫或毒蛾叮咬时

被松毛虫的毛刺伤后，身上会起很多红色的像小米粒大小并且很痒的小疙瘩，如果用手挠，则手到之处都会迅速起满这种小疙瘩。孩子如果不小心沾了毒蛾粉，皮肤会很痒，同时也会起像小米粒一样的东西。因此被松毛虫叮咬后，一定让孩子不要挠，尽快带孩子到皮肤科接受治疗；沾上毒蛾粉后，要先用水洗干净，再带孩子到皮肤科。

2) 蜈蚣和蜘蛛

蜈蚣和蜘蛛均有毒性，若被咬伤应立即到医院治疗。

防范办法：注意室内卫生，物品不要直接堆放地上，注意防潮，定期在阴暗角落喷洒杀虫剂。

(四) 特别提示：宠物与婴幼儿的安全

家有宠物，安全受威胁最大的莫过于婴幼儿，因此，以下几个方面必须遵守：

- 禁止宠物与宝宝一起睡觉，并在宝宝的摇篮上加个网罩以便保护。
- 动物食用的碗盘应该保持十分干净，并防止宝宝用手摸触。
- 将猫咪的“秽物箱”放在宝宝接触范围之外。
- 将鱼缸、鸟笼、松鼠笼及该类的东西放置于宝宝摸不到的地方。
- 绝对不可以拿宝宝来逗着宠物玩。
- 不要让宝宝喂食宠物。

八、装修改造的安全

家居装修过程中，常会遇到一些禁区，即装修中有些地方是碰不得，也看不到的，但这些细节又是非常重要的。例如，承重墙、墙体中的钢筋，房间中的梁柱，厨卫的管道，阳台边的矮墙及三防或五防的户门，卫生间和厨房的防水层都是室内装饰的禁区。

(一) 管道禁区

1. 煤气管道

1) 煤气管道的改造要由专业公司负责。

严禁移动燃气表具。燃气管道的施工，有严格的规定。但有些家庭因为使用燃气热水器，希望把天然气管道通到卫生间里，还有的家庭希望把它改装到合适的位置，以保证整个空间的使用效果和视觉效果，遇到这些情况就需要改动水电和煤气管道。

煤气与天然气管道因受房屋结构的限制，一般不准随意改动。如果不得不改时，必须经过物业公司的同意。改动时，由于专业性较强，同时为方便日后的维修，通常由煤气、天然气公司或物业公司指定的专业公司负责改动。自行移接煤气管道和煤气表，容易引发煤气泄漏事故。

煤气管道不得穿越卧室，也不能埋入墙内。
(图片提供:five continentsbnb)

2) 煤气管道不能埋入墙内。

同样是安全的考虑，煤气管道不能埋入墙内或用装饰物覆盖。

3) 煤气管道的安全防范。

煤气管道应尽可能设置在通风处，被橱柜遮挡部分周围不得有电源插座和开关。

4) 不得穿越卧室，穿越吊平顶内的燃气管道不得有接头。

厨房装饰时严禁移动燃气表具，燃气管

道不得暗敷，不得穿越卧室，穿越吊平顶内的燃气管道不得有接头。如确需移动表具，应由业主向燃气主管部门提出申请，经同意后方能施工。

厨房装修改造时不得拆改烟道及管道井。
(图片提供：five continentsbnb)

2. 烟道、 风道

烟道风道不得任意拆改、封堵、变径。现代住宅的厨房、卫生间通常都设有排烟道和排风道，以供排出油烟等有害气体和卫生间内的异味及潮气。其内径的大小均经过计算而得出，特别是现在的厨房排烟道，更因为防止串味、油烟倒灌而分主副2～3个烟道，其主副烟道各自的内径大小更是严格经过计算而确定，不得随意改变。

但生活中常有人家为使厨卫室内空间布局更合理，擅自将烟道、风道拆改，或缩小内径，或以PVC下水管代之，甚至加弯头埋入墙内，或拆除副烟道。其后果虽不至直接危及生命，但对健康及室内环境质量的影响却不可低估。

3. 管道井

给排水管道的主管在新住宅中通常设置在专用管道井中，对于管道井而言，有3个禁区：

1）不可任意缩小或改变管道井的大小。否则会使将来的检修和使用付出巨大的代价。

2）不可封闭管道井的检修口或缩小检修口的尺寸，检修口规格尺寸应不小于400mm×400mm，高度与位置均应正对排水主管的清污口和水表。规格和位置若不按要求，则形同虚设，同样会给将来的检修和使用带来巨大的困难。

3）不可破坏管道井内的防水层。因为在检修管道和清污过程中，都不可避免地会有水溢出，若无防水层保护，积水会向外或向下渗透，使墙体发霉或使楼下受淹。若积水渗入侧边电气管道井，还会带来安全隐患。

（二）装修中的结构安全禁区

安全，是家庭装修中一个绝不容忽视的重要问题，曾有报纸登载，楼上人家安装实木地板，楼下人家发现顶棚突然漏了好几个鸡蛋大的洞，楼板居然被打穿。装修中涉及结构的环节主要有以下几项。

1. 楼板

一般住房现浇楼板的厚度是 12～15cm，并且大多为装修预留了 2～3cm 的装修层。目前铺装实木地板普遍采用打龙骨的方法，即用冲击钻在楼板上钻 5～6cm 的孔，在孔里安插木楔子，再将龙骨钉入木楔子。按 5～6cm 的深度打孔，既结实又保证楼板的安全，如果施工的时候孔打得太深，地面牢固性必然会受到影响，甚至会将楼板打穿。

对于地热取暖的情况，则绝对禁止在地板和楼板上钻孔。

在楼板下吊顶或吊挂艺术照明灯具要用膨胀螺栓，如果在楼板或多孔板的肋上穿凿或钻孔，易将预应力钢丝拉断，破坏楼板的受力，使得楼板断裂坍塌，造成更大的危险。因此，最好不要在预制板上钻孔，即使是现浇的混凝土楼板也要注意孔的深度。

2. 不随意改造结构

有的居住者为了改变原有居室的空间分隔，任意拆除承重墙或将承重墙改为轻质玻璃。有的居住者为了在墙上凿洞开门，在承重墙上切断受力钢筋。这些做法极易造成楼板开裂。因此，原则上应尽可能避免对原有居室结构进行改造。如必须改造，应在专业人员的指导下，通过浇注混凝土过梁或架设钢梁等方法进行加固，以确保安全。

一般在砖混结构的建筑物中，凡是预制板墙一律不能拆除或开门开窗；厚度超过 24cm 以上的砖墙也属于承重墙，不能拆改。敲击起来有空声的墙壁，大多属于非承重墙，可以拆改。在承重墙上开门开窗，会破坏墙体的承重，是不允许的。

梁柱是用来支撑上层楼板的，拆掉后会造成危险，所以不能动。

3. 不使用超重材料

在家庭装修中，抬高地坪，大面积铺设大理石，用砖砌内墙和做结构复杂的吊顶等，有时需要大量使用超重材料，这可能会使房屋的承重超过设计标准，导致楼房倾斜和下沉。因此，在征得物业部门同意的前提下，地面铺贴大理石、花岗石、水磨石厚度不能超过5cm，铺贴瓷砖、陶瓷锦砖、通体砖厚度不得超过3cm，在家庭装修中应尽可能选择轻质材料。抬高地坪时，可选用较轻的珍珠块材，避免采用实心结构的钢筋混凝土；铺设花岗石和大理石时，应尽可能控制铺设面积；分隔房间的墙体最好采用轻钢龙骨或内填隔声隔热材料的木结构；做吊顶时，应简化结构，选用轻质材料。

4. 不擅自改变房屋用途

将厨房改成卧室，这种做法极其危险，因为一旦煤气泄漏，后果不堪设想。将外阳台改成厨房或卧室，同样不可取，因为外阳台楼板的承重力一般不大，而外阳台改成厨房或卧室后会使阳台楼板受力增大，很可能会导致楼板断裂脱落。

5. 不因排放管线而凿墙切断钢筋

为了美观，管线往往被埋入墙内。人们在凿墙开槽时，如遇上钢筋，常常会切断它。有的装修者甚至在整个房屋的圈梁下凿槽埋设管线。这样严重破坏了房屋承重结构。因此，凿墙排放管线应尽量走“短线”，或在地板下铺设。如果在埋设管线时将钢筋破坏，就会影响墙体和楼板的承受力，埋下安全隐患。如果遇到地震，这样的墙体和楼板很容易坍塌或断裂。

6. 梁柱

房间中的梁柱是用来支撑上层楼板的，拆掉后上层楼板会掉下来，所以不能动。

7. 配重墙

一般房间与阳台之间的墙上，都有一门一窗。这些门窗可以拆改，但窗以下的墙不能动。这段墙叫配重墙，它像秤砣一样起着挑起阳台的作用。拆改这堵墙，会使阳台的承重力下降，导致阳台下坠。所以不能随意拆除阳台与室内之间的墙体。

8. 不能在阳台上砌墙

因为阳台一般采用板承重或梁承重构造，阳台的承重是有限的，墙梁受力扭曲就会影响承载力，而且墙梁上应有较重的构件对其施压。如要增大阳台质量或拆减室内与阳台之间的墙体，就会造成墙梁上所承载的重量不均衡，使墙梁可能发生扭曲，而致使阳台挑梁断裂或阳台板倾覆，严重危害安全。所以，不能随意拆除室内与阳台之间的墙体的同时，也不能在阳台上砌砖贴重物。

9. **其他**

施工一般准则是不任意穿顶板、钻孔，砖墙、外墙的墙下窗不能随意拆改，混凝土墙不能随意拆改或剔槽打洞，在两个单元之间的墙上开门窗洞口也是不允许的。

(三) 给排水管道

1. 管道类别

镀锌铁管：镀锌铁管是目前使用量最多的一种材料，由于镀锌铁管的锈蚀造成水中重金属含量高，影响人体健康，许多发达国家和地区的政府部门已开始明令禁止使用镀锌铁管。目前我国正在逐渐淘汰这种类型的管道。

铜管：一种比较传统但价格较昂贵的管道材质，耐用而且施工较为方便。在很多进口卫浴产品中，铜管都是首位之选。价格是影响其使用量的最主要原因，另外铜蚀也是一方面的因素。

不锈钢管：不锈钢管是一种较耐用的管道材料。但价格较贵，且施工工艺要求较高，现场加工困难。在装修工程中被选择的机率较低。

铝塑复合管：铝塑复合管是目前使用较多的一种管材，由于其质轻、耐用而且施工方便，其可弯曲性更适合在家装中使用。主要缺点是在用作热水管时，由于长期的热胀冷缩会造成管壁错位以致造成渗漏。

不锈钢复合管：不锈钢复合管与铝塑复合管在结构上差不多，在一定程度上，性能也比较相近。同样，由于钢的强度问题，施工工艺仍然是一个问题。

PVC管：PVC(聚氯乙烯)塑料管是一种现代合成材料管材。但近年内科技界发现，能使PVC变得更为柔软的化学添加剂酞，对人体内肾、肝、睾丸影响甚大，会导致癌症，损坏肾，破坏人体功能再造系统，影响发育。一般来说，由于其强度远远不能适用于水管的承压要求，所以极少使用于自来水给水管。大部分情况下，PVC管适用于电线管道和排污管道。

PP管：PP(Poly Propylene)管分为多种，分别有：

- PP-B(嵌段共聚聚丙烯)管：由于在施工中采用溶接技术，所以也俗称热溶管。由于其无毒、质轻、耐压、耐腐蚀，正在成为一种推广的材料，但目前装修工程中选用的还比较少，一般来说，这种材质不但适合用于冷水管道，也适合用于热水管道，甚至纯净饮用水管道。

- PP-C(改性共聚聚丙烯)管：性能基本同 PP-B 管。
- PP-R(无规共聚聚丙烯)管：性能基本同 PP-B 管。

PP-B、PP-C 与 PP-R 的物理特性基本相似，应用范围基本相同，工程中可替换使用。主要差别为 PP-B、PP-C 材料耐低温脆性优于 PP-R；PP-R 材料耐高温性好于 PP-B 和 PP-C。在实际应用中，当液体介质温度≤5℃时，优先选用 PP-B 和 PP-C 管；当液体介质温度≥65℃时，优先选用 PP-R 管；当液体介质温度 5～65℃之间时，PP-B、PP-C 与 PP-R 的使用性能基本一致。

2. 管道安装和使用

1) 安装管道一定要找专业技工。往往管道的暴裂或者泄漏，都会造成水管本身价格数十倍、数百倍，甚至上千倍的损失。

2) 安装后一定要进行增压测试。增压测试一般是在 1.5 倍水压的情况下进行，在测试中应没有漏水现象。

3) 在没有加压条件下的测试办法：

- 关闭水管总阀(即水表前面的水管开关)。
- 打开房间里面的水龙头 20 分钟，确保没水滴后再关闭所有的水龙头。
- 关闭马桶水箱和洗衣机等具蓄水功能设备的进水开关。
- 打开水管总阀。打开总阀后 20 分钟查看水表是否走动，包括缓慢的走动。如果有走动，即为漏水。如果没有走动，即是没事。

4) 在日常使用中，如果发现如下情况，尽快检查有关管道：

- 墙漆表面发霉出泡。
- 踢脚线或者木地板发黑及表面出现细泡。

5) 对于特殊情况要特殊处理，假如管道很长，要连接厨房和卫生间，或者是通向阳台，由于管道不是敷设在吊顶里就是敷设在地板下面，所以管道中间不能有接头，而且要适当放大管径，避免堵塞。热水管道不能采用镀锌铁管，以防止水管锈蚀及产生水垢，并且热水管要做保温处理。

6) 水管安装不得靠近电源，水管与燃气管的间距应不小于 50mm。

(四) 暖气的危险

暖气系统的压力用 MPa 来表示，1MPa 相当于每平方厘米上 10kg 的压力，一般的锅炉系统压力为 0.4～0.5MPa，即约 4～5kg 的压力，每 0.1MPa 的压力相当于 10m 高的水柱(MPa 指作用在每平方厘米上的力)。

传统暖气是铸铁的，其厚度达 3～4mm，对供热系统和防腐无要求，通常寿命在 30 年。与铸铁暖气配套使用的 20 号或 25 号的镀锌件壁厚为 2.5mm，也能满足使用 30 年的要求。

传统的铸铁暖气如果漏水，99.5% 的原因是接口，而且绝不会喷水，用管钳紧一下，一般会解决问题。

暖气的散热量与暖气管的尺寸关系不大，而是取决于水在暖气中的流速。
(图片提供:Cap Juluca hotel)

暖气伤人的危险主要集中在新型的散热器。新型的散热器使用的材质厚度为1.25～1.5mm(不论铜、铝、钢制的)，钢、铝、铜材质的都是焊接的(铸铝的和铸铁的是一次成型的)，大量的焊接必须要能承受每平方厘米 10kg 的重压，因此，焊接技术是极为重要的。1.25mm 厚的钢如果对保养系统水质和系统运行不加以限制，腐蚀它是很有可能的。因为如果焊接和防腐出了问题，有可能是哪个接缝或焊接口喷水，5kg 压力的热水是有极大伤人危险的。自来水一般是 3～4kg 的压力，在开足的状态下，几乎是堵不住的，5kg 的压力任何人都将束手无策。

因此，选购新型的散热器，必须选择可靠的产品和可靠的供货商。

(五) 防水与渗漏

卫生间渗漏多发生在穿过楼层的管道根部、地漏、卫生洁具及阴阳角等部位，原因就是管道、地漏等部位出现松动、粘接不牢、涂刷不严密，或者是防水层局部损坏，部件接插封口处搭接长度不够造成的，所以要注意薄弱部位和细部节点的施工，严格按照标准进行操作。

卫生间地面装修最基本的要求是排水畅通、不渗漏，在铺设墙地砖、石材之前，必须做好防水层。先用水泥砂浆将地面找平，涂防水涂料，并且在饰面施工之前做一个24小时的闭水实验，再铺一层1∶2.5的水泥砂浆作为结合层，将地砖等饰材铺贴上去，浇水后用橡皮锤拍实，达到平整牢固、接缝严密。石材铺贴前要做背涂处理，减少“水渍”现象发生，防水层四周与墙面接触的地方，应向上翻起，高出地面约25～30cm，洗脸台的位置应高出地面1m以上，淋浴器的位置应高出地面1.8m以上，要把防水做到细处。

给排水管道工程如果存在质量隐患，也许当时不会漏水，不会出现问题，但是时间一长，一旦遇到冷热伸缩和水流压力的冲击，管道就会渗漏，甚至爆裂，造成严重后果。在管道改造和安装方面，排水管应采用符合国家标准的排水管材和连接件，在施工前要对管件和连接件做质量检查，防止沙眼等质量问题留下事故隐患；卫生间的进出管道和卫生器具必须做到不渗、不漏、不堵，管道安装要尽量避免改动原有的上下明管；给水管采用螺纹连接，在其连接处要有外露螺纹，不能爆牙，安装完毕应及时用管卡固定；管材和管件以及阀门之间要牢固地连接，不得有任何松动。装修时必须做到横平竖直、铺设牢固，坡度符合要求，阀门、龙头安装平正，使用灵活方便，明管要刷防锈涂料，地漏设计要符合散水坡度的要求，卫生洁具的安装也必须保证位置正确，器具上沿要水平。

卫生间和厨房的防水层如果破坏了，楼下就会变成水帘洞。更换地面材料时，一定注意不要破坏防水层。如果破坏后务必重新修复，并一定要做24小时渗水实验，即在厨房或卫生间中灌水，24小时后不渗漏方算合格。

（六）特别提示：避免管线的连接“接头”

在装修时还要特别注意一些地方的变动。如想将蹲便器更换成坐便器的话，一定要慎重。这种施工难度较大，而且会破坏原有的防水层，安装不当的话，不是楼下渗水，就是马桶不下水。

如在地板下铺设管线，应尽可能减少或避免管线的连接“接头”，因为管线接头处不密封或接触不良会引起漏水漏电。

暗敷的管道中间不可有接头，而且最好适当放大管径。

九、应付紧急情况时的家居安全

（一）安全意识与安全措施

1. 安全意识

灾难之时，在家中的普通物品可造成受伤及破坏。但是，有很多简单措施可以令您的家居在紧急时更安全。您可以从观察每个房间的“灾难点”和确认其潜在危险方面开始。例如，书架在地震时可能会翻倒和堵塞出口，较大和较重的物体可能坠下和导致受伤，或者易发生反应的化学制品引发危险，比如一起储存在厨房水槽下的漂白剂及洗洁剂等。

• 了解怎样和在什么时候关掉能源开关。

• 在家里没有统一安装的烟感器和液化气泄漏报警装置时，应自行安装分户型烟雾探测器并每六个月更换一次电池。

• 搬移睡床远离窗户。

• 搬移镜子远离沙发或人们坐的地方。

• 清理走廊和出口，方便撤离。

• 放置较重的物品在架子的下层。

• 将灭火器放置在厨房或易于拿取的地方，并了解怎样和何时使用。

• 安全地储存易燃或高浓度化学反应物品，及将其分开存放。

2. 准备计划

在发生紧急事件时，下述这些步骤会帮助自己和您的家人在任何不论大小的紧急事件中作好准备：

• 指定一位在安全区域的联络人。提供这人的姓名和联络方法，给您想让他一直知道您情况的人。

• 复制重要文件和保留一份副本在其他地方。放在保险箱或给一个您信任的人。文件或者包括护照、驾驶执照、身份证、存折、遗嘱、契约、资产结算表、药方。

- 贵重物品。收集于一处，列出清单并将实物拍摄下来。
- 预备危机期间的用品。给自己和家人，准备最少能供3天使用的食物与用品。

3. **预备用品**

在紧急事件之后，应预备紧急生活用品。包括以下：

- 一些水、食物和手动的罐头刀。
- 电筒。
- 收音机——用电池操作的。
- 电池。
- 哨子。
- 个人药物和药物处方。
- 家的后备锁匙。
- 急救药物装备和指示。
- 小面额的现金。
- 重要文件的副本。
- 无气味的家用漂白水。
- 个人卫生用品，包括卫生纸、女性用品、肥皂。
- 结实的鞋。
- 厚手套。
- 保暖的衣服和防雨装备。
- 后备有度数眼镜、助听器，或其他极重要的个人物品。
- 胶布、胶卷和多用途刀，用作遮盖毁坏的窗。
- 毛毯。
- 防尘口罩。
- 纸、笔和胶卷，作留言用。

(二) 公用能源的安全

在公用能源(天然气、电、水)发生危险时，如果能够迅速找到和关闭公用能源的阀门或闸刀，会增加安全性和降低财产受损情况。

1. **天然气**

- 泄漏天然气会引致爆炸和楼宇内部的空气易燃。

• 总开关阀调节器在总煤气仪旁边，通常位置会在家里或楼道里。

• 如果你嗅到煤气，关掉总阀和打开所有的窗户和门。

• 嗅到泄漏煤气只需要关掉煤气。另一个泄漏的指示是煤气仪上有轮盘在旋转。

• 绝对不可以用蜡烛或火柴。不要开关电掣或电器。

• 放置月型扳手或煤气关闭工具在煤气阀附近备用。

• 当你关掉煤气，可能要数天才能够将它重开。绝对不要尝试将煤气重开，让煤电公司来做。

2. **电**

• 电可能致命。电死人的原因有可能是跟燃烧的电线直接接触或是任何物体被这些电线通电。

• 要知道自己家中的总电闸在哪里。它可能是手拉或是电箱内很大的断路开关。

• 关闭电闸：当电力装置出现弧光或燃烧。

你确定嗅到电线燃烧的气味。

在电闸或插座附近周围出现黑边或太热，不能触摸。

当完全失去电力和燃烧物品味道同时出现。

3. 水

• 水不只能破坏房屋，它同时可引致电死人，如果电线出现漏电。

• 当室内出现严重漏水时要关闭水阀。

• 不论在哪种情形下，要关掉水阀，需顺时针方向转动直至关掉。

(三) 儿童安全

跟您的孩子谈谈有关紧急事件或灾难出现的潜在性和为什么你需要给他们作准备。让孩子参与这计划的过程会帮助他们减少恐惧。同时指引他们作一些简单的准备，以便能够在紧急事件或灾难中大大地降低对家里的影响。

1. **必要的教育**

• 让家中的孩子参与商讨和计划有关紧急事故时的安全措施。

• 教会小孩掌握他们的基本个人资料(包括下述这些资料，如他们的姓名、年龄、血型、住址、父母的姓名及电话号码，以及在外省市的亲友和联络人)，当家中发生紧急事件他们与父母或监护人分开时能够确认自己和得到帮助。

• 教会小孩拨打紧急电话(提醒：在拨打完这些紧急电话后，一定要记得通知父母或监护人)：

火警 119(发现自己家或邻居家有火灾发生，无法控制或扑灭)

匪警 110(发现有陌生人试图闯入；外出，被抢劫；外出归来，发现屋中被盗)

急救电话 120(遭遇突发的危险：误食、中毒、溺水、严重过敏、严重摔伤、突发疾病等)

物业电话××××××××(屋内水管、煤气等发生故障)

• 要确定孩子知道家庭重新会合的地点，如果你们在危险时要分开和不能够回到家中。

• 要确定孩子知道怎样寻找家庭亲友或联络人。

• 教会小孩了解煤气的气味是怎样的，提醒他们要告诉成年人，如果在紧急情况下他们嗅到煤气气味时应该怎样做。

• 与小孩子玩角色扮演，帮助他们在紧急事故中保持冷静和练习基本紧急事故反应，例如撤离时的路线。

• 与小孩子玩角色扮演，如果父母突然生病或受伤，他们要做什么。

• 与小孩子玩角色扮演，当他们拨打 120 或 110 时要说什么。

2. **应急的用品**

• 替你的孩子预备一张紧急联络卡，包括下述这些资料，如他们的姓名、年龄、血型、住址、父母的姓名及电话号码，以及在外省市的亲友和联络人。

• 提供方便食物和喜好的东西在孩子的供应装备内。

• 放置一张孩子的近照在备用袋内。

• 在孩子的备用袋中，应包括一张家庭相片和一件孩子喜爱的玩具。

(四) 急救用品

在任何紧急事故中家人或你自己都有可能被割伤、烫伤或承受其他的损伤。准备好以下这些必需品便能够更容易地帮助一些受伤的人。

• 两双一次性手套。

• 用来止血的消毒敷料。

• 用来杀菌的清洁剂/肥皂和抗菌毛巾。

• 预防感染的抗菌软膏。

• 烫伤软膏。

• 不同尺寸的粘贴绷带。

• 用来冲洗眼睛的洁眼液或作其他净化之用。

• 剪刀。

• 不需处方的药物，例如阿司匹林或其他止痛药、泻药、抗腹泻药物。

• 每天必需服用的处方药物例如胰岛素、心脏药物，或气喘吸入器。

• 处方医疗器材，例如血压计等。

（五）火警

如果你的烟雾警报器响起或你意识有火警:

• 如火势开始不大，应该迅速采取措施，尽快设法扑灭初起之火，或设法延缓火势的发展，以利于自救。

• 当火势较大时，保持镇定和离开，不要尝试扑灭火。

• 在安全的地方拨打119。报警时应把自己的姓名、发生火灾的地址讲清，如有可能，要派人到附近路口接车引路。

• 应大声呼喊四邻人员扑救，还可就近取用能发出大音量的脸盆之类物品猛击，以示险情。

• 要牢记“先救人，后救物”的原则，千方百计把困在火场里的人先救出来，同时老弱病残和小孩应先撤离，以免延误时间，造成大的灾难。

• 如家中门窗被烟火包围，没有其他通道，千万不要直立行走，最好是爬行，直到安全地带。

• 当你身上的衣服被烧着时，赶快在地上翻滚，直到火焰完全扑灭。

• 在你开门前，用你的手背感觉门。如果它热，找另一条路离开。

• 如果有任何原因，使你不能离开你的家，靠近窗边和接近地下。如果有可能，示意帮助。

• 被困时，可将被单、窗帘或绳物结成绳索，系牢后，抓住绳索往下滑到安全地带。

• 在无路逃生的情况下，应积极寻找暂时的避难处所，保护自己，择机逃生，或等待消防人员抢救。

（六）地震

当震动开始时知道要做什么：趴下，遮护，或握着结实的东西。

• 趴在地上。

• 取一件结实的家具遮护在下，或在内墙旁边，用你的手臂遮护你的头和颈。远离窗户。

• 紧握着一件结实的家具和预备跟它一起移动。

• 逗留原位直至震动停止，当你离开楼房时确定出口是安全的。

• 如果你在市中心，在地震后留在大厦内比较安全——除非出现火灾或泄漏煤气。在市中心，没有安全够大的容身场地，可以避免从高处掉下的玻璃或其他杂物。从高楼大厦掉下的玻璃不一定是直线掉下；它可能受风的影响而吹离一段较大的距离。

• 在地震后绝对不可以乘电梯。

• 如果你在室外，寻找一处空位置远离建筑物、树木和电线，倒在地上。

• 在震动停止后，检查你自己和其他受伤的人。给予严重的伤者急救。

• 关掉煤气。无论是否嗅到煤气。

• 聆听收音机的指引。预备余震出现。

• 检查你的电话，确定它没有被震坏。

• 验查你家的破坏。

（七）特别提示：停电时的安全问题

停电可能因为线路问题，或者是天气因素，或者其他紧急事件而产生，例如短路，火灾等。必要的准备包括：

• 要十分小心火的危险，当用蜡烛和其他火焰灯时，不要离开，避免有火焰而无人看守。

• 当电力恢复时，检查全部电器。

• 关闭所有电器、电脑和电灯，只需留一盏小灯，以备当电力恢复时，它会显示出来。

十、厨卫的安全

（一）烟道异味与串烟

1. 住宅烟道的类型

住宅的烟道，是指住宅用于厨房排放油烟和烹调废气的竖向排烟道。目前在住宅中所使用的烟道主要形式是在集合住宅中竖向设置穿越各楼层的管道，用于将各楼层厨房的烟气收集后，集中排出。

住宅烟道的构造类型

单烟道式

单烟道式烟道由一个简单的矩形烟管构成，垂直穿越各层住宅，在每层住宅中留有一个连接排油烟机的进风口，底层有一个补风口补气，其原理是各层烟气在排油烟机的推动下，将油烟排入烟道中，由于烟气温度的作用，在烟道中产生上升浮力，从出屋面的出风口将烟气排出。

主次式

主次式烟道截面上由两个并列矩形烟管构成，垂直穿越各楼层。次烟道在住宅每层中设一个连接排油烟机的进风口，次烟道与主烟道距进风口一定距离处相汇，主烟道底层有一补风口。其原理是通过排油烟机将烟气推入次烟道中，用排油烟机推动力和油烟温度上浮力使油烟上升一段距离后，再进入主烟道排出屋面。这样，由于烟气始终向上运动，避免了烟气产生的倒灌和串味现象。

变压式

初期的变压式烟道同主次式烟道相近，也由主、次烟道构成，在次烟道与主烟道交汇处加装一个向主烟道倾斜的导流板。原理是空气在主烟道中向上流动时，在导流板处主烟道截面面积减少，由于流体伯努力现象，会加快流速，在次烟道中产生一定的负压抽力，引导次烟道中烟气向主烟道中运动。

后来的变压式烟道则将各层的烟道做成不同的截面形式，下层烟道通过主次烟道排气，而靠近屋面的烟道如同单烟道的作用，直接将油烟排入烟道排出。

变压式烟道的目的也是试图通过改变烟道的截面形式，利用烟气流动的各种物理规律，使气流保持向上的运动，最大程度防止烟气倒灌和互串。

止逆阀式

止逆阀式烟道则是在单管烟道上的各层进风口处，加装一个兼有排油烟机接口作用的复杂防气流逆行的止逆阀，迫使烟气向烟道单向运动，从而解决烟气互串的问题。这种烟道在截面上尺寸最小，是一种复合式烟道。

同心圆式

同心圆式烟道由国外引进，原理与主次烟道相近，只是次烟道与主烟道的横截面是两个以一定比例尺寸构成的同心圆。烟道多由金属材料制成，主次烟道均附以保温层，以加强烟气的温度上浮效果。

2. 串烟串味

厨房内空气污染对人体健康安全的危害比室外大气污染更为严重，产生厨房污染物的因素是多方面的，和能源结构、所用的食用油种类、烹饪方法、食物种类等均有关系。一般厨房中常见的污染物有苯并芘、一氧化碳、可吸入颗粒物、氮氧化物等，它们在厨房通风不良或不通风时会大部分进入室内，特别是在冬季门窗紧闭时会向居室扩散，造成室内污染。据测定：烹调一小时，厨房内产生的有害物质含量比开火前高 20 多倍，烟尘则在半小时超标 70 多倍。

项　　目	室外浓度	燃煤户室内浓度	燃气户室内浓度
可吸入颗粒物	0.360	0.510	0.376
苯并芘	0.800	1.940	1.377
二氧化硫	0.130	0.916	0.062
氮氧化物	0.040	0.033	0.020
硫化氢	0.013	0.038	0.005
一氧化碳	1.440	6.330	2.230
甲　　醛	—	0.014	0.002

苯并芘单位：$\mu g/100m^3$，别的均为 mg/m^3。

这些数据表明厨房污染过程中室内污染物的浓度普遍高于室外，最高可达7倍；并且能源结构的不同也可导致室内污染物浓度的不同。基本上，燃煤过程中产生的污染物要普遍高于燃气。厨房污染由于污染物种类繁多，其危害是多方面的。其中一些污染物如苯并芘、亚硝胺和杂环胺类化合物的致癌性已经得到公认。因此，排烟管道对于排除厨房油烟异常重要。

对于油烟管道，如果从环境污染的角度来比较，有和没有都是一样的，都是排到大气中了。关键是看在实际使用中对用户的影响。

排烟管道截面积一般在0.8m^2以内，无论其表面如何光滑，靠自然压力的排烟流量很有限，即该截面排除理论上最大的空气流量肯定是小于所有抽油烟机的总排气量的一半，然而更主要的问题还是在实际使用中各种管道都很难实现油烟完全不串。各种形式烟道存在的问题有：

1）单烟道式烟道

单烟道式排烟道是最早出现的烟道形式，理论上如同锅炉烟道利用排油烟机的动力和烟气热浮力促使油烟气上升，在烟道内部产生抽力，将烟气吸人烟道内。但实际上由于烟道穿越各层时，在每层住宅中设置了相应的进风口，破坏了烟道的烟囱效应，使得抽烟气上浮力不明显，容易造成排烟不畅及倒烟、串味。

2）主次式烟道

为解决各进风口的破坏烟道内烟囱效应问题，将一段次烟道设置在主烟道中，利用次烟道的烟囱效应，使烟气上升一段距离后，再进入主烟道，避免烟道进风口直接与主烟道相接触。但使用中由于烟道由机械装置向内排风，烟气在烟道内的长距离运动带来的阻滞作用而使得烟道内部始终处于正风压；同样，烟道进风口也处于正静压状态，阻止了外部气流的进入，同样表现出倒烟与串味。

3）变压式烟道

针对主次烟道倒烟、串味的缺点，出现的变压式烟道，原理就是适当改变烟道截面形式，消除气幕的阻滞作用，在特定的位置将气流运动的动压变为抽气静压，增加烟道的抽排烟能力。但在实际使用中发现，由于烟道气流的运动速度并未像理论设定的那样快，动静压转换不明显，进风口的静压值基本上没有改变，还是呈正压状态；另外，变压式烟道的各层构造不相同，使工程使用与烟道生产容易混乱，造价较高。

4）止逆阀式烟道

在主次烟道的各层进风口部位加装防止烟气逆行的单向阀装置，力图通过控制气流流向强行使烟气在烟道内流动，从而解决烟气倒灌和串味现象。但由于带止逆装置的烟道截面面积较小，排风量不足，烟道内部压力过大，阻滞进风口的排烟效果，对排油烟机的工作压力要求较高，整体排油烟效率比较低。

5）同心圆式烟道

这是一种国外引进的金属烟道，其原理如同主次式烟道，但在主烟道与次烟道周围加覆了保温层，增加烟道中的烟囱效应。但在实际使用条件下，由于排油烟机的作用，烟道内部的静压比较高，没有根本解决烟气倒灌与串味问题。

另外，从实际使用上来看，由于抽油烟机使用时间相对集中，按现行规范设计的截面实际上偏小，加上垂直排油烟道管道长，大大降低了抽油烟机的性能，造成油烟无法排净，功率小得甚至无法排烟。如果大量抽油烟机同时使用，管道内压力大，油烟无孔不入，未开排油烟机的住户必受串烟之苦。

另外，烟道设计时忽略抽油烟机静压，认为只是热压作用使得烟气从室内排至大气，各住户抽油烟机的流量相等，但事实并非如此。这是由于现在国内外生产的抽油烟机流量大、风压高，烟气从室内经过烟道排至室外所依靠的动力主要是抽油烟机提供的压力，而热压所起的作用很小，油烟会顺着烟道倒灌进来。

3. 避免串烟串味的方法

能真正做到有效避免串烟串味，而且还具备便宜省钱、维护简单，占用室内有效空间少的排油烟道，还没有。暂时较好的方法是：

1）采用变压式止逆烟道。

2）烟道壁面要干净光滑。

3）楼顶增加引风机，并安装一个联动控制线路，使屋顶风机和用户抽油烟机同步运行，强制抽风排烟。

（二）下水管道返味

厨卫除了烟道串味串烟外，还具有一个极其危险又对人身体有着极大危害的污染源——硫化氢、沼气以及各种病毒。一种有着臭鸡蛋气味的气体和一些可以传染疾病的蟑螂、蜈蚣、蚊虫会慢慢集聚在您的房间，威胁健康与安全。其主要根源是：

- 下水管道和地漏。
- 下水管与下水道的连接处。

所有的下水管道都直接连接着污水池和化粪池。由于秋季、冬季及春季地下的温度普遍高于地上。所有的污物在地下的污水池里及化粪池里产生了发酵等化学反应，使得温度升高后，气体沿着建筑的下水管道向上蒸发时，从房间的地漏、洗手盆、洗菜盆的下水管连接处及下水口散发到您的房间。

下水管道中的异味主要有：氨气(超标2～4倍)、硫化物、氰化物等有毒气体，而且甲烷、乙烷的浓度也很高，不仅严重污染家居环境，而且对人体健康安全也有极大危害，可导致血癌一类疾病。

1. 地漏返味

所有的家居都有排污管道，过去建房时，在这些排污管道与室内下水管道相连处都有一个反水弯，也叫存水弯。其功能是蓄水防臭。反水弯的工作原理很简单：管道本来是空心的，这样很容易造成排污管道底层的臭气循管而上，并通过地漏等出口散发于楼上各单元内部。在排污管道和地漏(包括其他管道出口)加装了反水弯后，我们的一部分生活用水就会在弯头处停留，这些水会有一定的水压，会封闭臭气向室内的扩散。

我们经常可以在住宅的的屋顶上看到排污管道的通气管，它的作用就是排走排污管道中的臭气和确保排水管道中反水弯气压的平衡。如果排污管道中没有了反水弯，那么实际上住宅的通气管也就失去了作用，因为臭气在到达楼顶之前，已经在楼下的各居住单元中散发了。

因为坐便器和洗手(菜)盆的排污管自身带有防臭弯头，所以通常只需要在地漏处安装反水弯即可。但很遗憾的是，现在很多新建小区为了增加层高和降低成本，已经取消了地漏下面的反水弯，而是仅仅采用防臭地漏来解决。

目前市场上的防臭地漏主要由上盖、地漏体和漂浮盖三件组成，其中漂浮盖有水时可随水在地漏体内上下浮动，无水或水少时将下水管盖死，防止臭味从下水管中返到室内。虽然漂浮盖可将下水管盖上，但是为了达到更好的效果，需保持地漏中水封层的深度，因此使用时应该灌满水，保持液面的深度。如果家中长时间不住人，防臭地漏的效果就会下降。

地漏返味的几大主要原因：

1）伪劣地漏水封层浅

因造价的因素，开发商提供的防臭地漏往往是 PVC 材料制成的，远不如市场上卖的不锈钢、铜地漏美观，很多业主在装修时都更换了看起来更漂亮但密封防臭功能不合格的地漏，造成厨房和卫生间异味难当。合格地漏的水封层应为 5cm，一些伪劣地漏水封层只有 10～20mm，是国家在 1999 年就已经明文规定淘汰的建材产品，如果从这样的地漏里源源不断地散发出异味就不难想像了。

2）地漏水封干涸

地漏靠水来密封，当长时间无人使用时，因没有补水而造成水封干涸，使密封失效。此外，管道系统内的正压引起扣碗上浮或排水管道系统内形成负压把水封抽吸破坏，都会造成水封破坏，从而使地漏失效。使得大量的有毒气体和容易进入室内，造成人的呼吸道疾病，也使得大量的疾病得以流行与传播。

3）频繁开启地漏漂浮盖

地漏排水时，水流需通过极狭的环形缝隙流经下、上两个 180°的急转弯，将污水排出，水力条件极差。地漏排水量小，易出现排水不畅的现象。特别是地漏所在的区域是直接作为淋浴用途的，会发现洗澡的水排得不畅，容易形成积水。于是频繁开启地漏漂浮盖。

4）地漏漂浮盖盖不严

废水中挟带着许多固体细小杂质（如毛发、布条、纸屑、烟蒂、剥落的生物粘膜等），在地漏过水通道中，常因断面狭窄、粗糙而被悬挂、粘着、沉淀、吸附，这些通道中的残留物日积月累就会缩小或堵塞过水断面，造成排水不畅，表面冒溢，直接威胁到居室的其他部位。而且残留物会使地漏漂浮盖盖不严，导致异味散出。

5）地漏漂浮盖取出后未放回

洗衣服的时候，洗衣机的排水管必须是拿掉地漏漂浮盖后才能排水，而地漏漂浮盖由于长时间地放在地漏中，表面已经附着了大量的油脂及各种污物，很难取出，直接放到地漏的箅子上又不会很快地将水排掉。为此，很多人将地漏漂浮盖取出后就不愿再放回去，使得异味隐隐飘荡。

地漏按其防臭方式可分为水防臭地漏、密封防臭地漏和三防地漏。

水防臭地漏是最传统也最常见的。它主要是利用水的密闭性防止异味的散发。按照有关标准，新型地漏的本体应保证的水封高度是5cm，并有一定的保持水封不干涸的能力，以防止泛臭气。

密封防臭地漏是指在漂浮盖上加一个上盖，将地漏体密闭起来以防止臭气。缺点是使用时每次都要弯腰去掀盖子，比较麻烦。另有一种改良的密封式地漏，在上盖下装有弹簧，使用时用脚踏上盖，上盖就会弹起，不用时再踏回去，相对方便多了。

三防地漏是迄今为止最先进的防臭地漏。它在地漏体下端排管处安装了一个小漂浮球，日常利用下水管道里的水压和气压将小球顶住，使其和地漏口完全闭合，从而起到防臭、防虫、防溢水的作用。

2. 下水管与下水道的连接处返味

洗手池下水管和厨房下水管与下水道的连接处，也是室内臭气异味、病菌、小虫的一个重要来源。很多时候工人们都是将下水管往下水道的预留口中一插，就算完成，其缝隙之大，不要说是臭气异味，就是小虫亦可毫不费力地自由进出。因此这些细节如果没有严格的密封会成为下水道臭味、病菌、小虫进入室内的自由通道。由于下水接口处都在比较隐蔽的地方，装修完工验收时容易忽视，必须引起足够的注意。具体防范做法是，请装修工人将接口处的缝隙用玻璃胶或其他粘合剂封住，使臭味、病菌、小虫无法出来。

3. 有效果的方法

很多人选择了用排气扇来抽走积聚于洗手间内的臭气。这种做法是很消极的，因为排气扇不但会排走室内的臭气，而且还可以造成抽气扇从干涸的排污管道抽取更多污染气体，污染到其他房间造成恶性循环。为疏散臭气，不少家庭还在寒冷的冬天也大开着窗户，为此浪费大量的能源。

厨房不要设地漏。下水接口处也必须严格密封。

对付下水道异味有效果的方法是：

1）厨房不设地漏。

2）选用三防密封地漏或水封达到50mm的合格的地漏。

3）如果地漏已安装完毕，不易更换，可采用一些便捷变通的方法：用塑料袋装上水或砂子，把装着水或砂子的塑料袋盖在地漏上，这样塑料袋就可以随着地漏的形状伸展，将地漏堵个严丝合缝。需要用地漏时再把塑料袋拿下来，非常方便。

提示：

a）用塑料袋装水或砂子，不能装得太满，因为如果水或砂子把塑料袋撑得鼓鼓的，就堵不严地漏了。

b）塑料袋必须结实，以免袋破砂漏，适得其反。

（三）水管里的杀手

造成水质污染的原因有很多，主要是因为一些输配水干管使用年代长，无内衬或内衬涂料质量有问题，从而导致了内壁腐蚀，结垢，锈蚀物中含有大量的铁、锰、铅、锌元素和各种细菌及藻类，当管道内水的流速、方向或水压发生突变时，就会造成短时间的水质恶化，出现铁、锰、色度、浊度和细菌、大肠菌群等的超标。

其次，部分小口径管道材质较差，造成管道内壁严重锈蚀，致使水中余氯含量迅速减少，浊度、色度、铁、锰、锌溶解性总固体、细菌学指标等明显增大，甚至出现“红水”、“黑水”等水质事故。此外，自来水管道中普遍使用的湿式水表表芯内仅少量与管道内水流交换的“死水”。这部分“死水”的水质已严重恶化，也成了导致管道水质恶化的一个污染源。

此外，自来水输送管道过长也是水污染的一大原因。有的水管长达几百公里，致使远距离的管网末梢等处的水中余氯含量减少，这就形成了有利于细菌繁殖的条件。

（四）厨房家具安全要求与有害物质限量要求

1. 厨房家具的主要安全尺寸

厨房家具的主要安全尺寸主要根据厨房的目前建筑现状和我国居民饮食习惯需要的功能特点，以及参照部分欧亚共体（EN）关于厨房家具的协调尺寸安全性等标准，其规定的主要安全尺寸有：

- 底柜高度700～900mm；
- 底柜深度≥450mm；
- 吊柜深度≤400mm。

2. **安全性要求**

1）安全性要求：主要指厨房家具的活动台面部件的应保持在≤8mm或≥25mm，抽屉、卷门及部件不能在使用时自行滑落或有毛刺、刃口等对人体有损伤的缺陷。

- 人造板制成的部件，其非交接面均应进行封边处理。
- 部件上的覆面、封边或后成型包边也应严密、平整，不允许有鼓泡、开裂、脱胶、压痕等缺陷。

2）台面滞燃性要求：主要是指厨房家具操作台面可能遇到的燃烧情况而作出性能的规定，同时该项规定仅对有合同规定有效，标准规定各类材料台面的氧指数≥35。

3. **家具有害物质限量要求**

1）家具甲醛释放量规定要求

《厨房家具标准》对家具的甲醒释放量作出了规定，要求甲醛释放量为≤5mg/L。这里的技术指标是针对家具(包括厨房家具)产品的甲醛释放量，标准的主要指标是参照了《人造板甲醛释放量》国家标准中部分技术要求，也参照了日本工业标准中的有关指标，结合家具产品的现状而作出的规定。

2）家具涂层挥发性有机化合物(VOC)限量规定要求

家具的挥发性有机化合物总量(VOC)(不含甲醛)测定和控制，主要是对家具表面涂料的有害物质限量的控制。《厨房家具标准》规定家具挥发性有机化合物总量(不含甲醛)为≤300μg/m^3。

3）家具涂层可溶性金属限量规定

家具中绝大多数采用木器涂料作为表面装饰，其涂料中部分可溶性重金属元素超过标准规定的含量，对使用者来说，可能通过触摸家具会被人体所吸收，造成损害引起某些疾病诱发。

《厨房家具标准》对可溶性重金属作了限量规定，厨房家具产品中所用的色漆、清漆、硝基漆或类似物质中可溶性铅、镉、铬、汞的重金属元素不得超过下述规定。

序　号	重金属元素	限量规定
1	可　溶　铅	90mg/kg
2	可　溶　镉	75mg/kg
3	可　溶　铬	60mg/kg
4	可　溶　汞	60mg/kg

厨房的插座必须远离水源、热源和煤气开关。
(图片提供:five continentsbnb)

(五) 厨房安全事项

厨房主要安全事项除了上述串味返味、小虫和病菌影响健康安全等外，就是如何防止火灾和电击，保障生命财产安全。

在厨房的各个角落多设电源插座，可减少电线外露的危险性。不可在洗涤盆和炉具旁铺设电线，同时均需安装漏电保护装置。不可在煤气开关和洗菜盆旁安装插座，特别是不可在洗菜盆下方安装插座。

厨房安全错误:

1. 水管安装靠近电源，水管与燃气管的间距小于50mm。
2. 在灶台旁挂放易燃品，如窗帘、干花、木汤匙或饰物。
3. 放置大件物品于橱柜顶部，如锅煲、花瓶、碗及食物处理器，搬动它们时既困难亦危险。
4. 使用气体炉具而厨房又没有良好的通风设施。
5. 厨房墙壁、顶棚等，未使用阻燃性防火材料和装置热感式警报器。

(六) 特别提示:《住宅建筑规范》中的地漏

《住宅建筑规范》中的第8.2.8条明确提出:布置淋浴器和布置洗衣机的部位应设置地漏，地漏的水封深度不得小于50mm。构造内无存水弯的卫生器具与生活排水管道连接时，必须在排水口以下设存水弯，存水弯的水封深度不得小于50mm。

十一、回　　顾

（一）特别关注：120 个家居安全陷阱

家如何成为了危险陷阱，变得危机四伏？我们的家中隐藏着多少杀手？事实上我们只要具备家居安全意识，90%的家居安全意外都是可以避免的。

一个地区的民众，如果都能够自觉重视小孩和老人的家居安全，那么他们才真正具备了涵养、文化和现代文明。

120 个家居安全陷阱

序号	家居安全陷阱	安　全　对　策	主要受害者	危害等级
1	家具尖角	有老人小孩家庭应少用，并妥善布置和加“防撞角”	老人小孩	
2	单块(活动)地毯绊人	有老人及小孩家庭弃用	老人小孩	
3	搁板坠落	要上紧支架		
4	窗帘绳过长(易绕颈窒息和绊人)	使用“收绳器”或将绳尾收起	小孩和宠物	
5	杀虫剂、清洁剂、燃料	盛载器要标明药名，置于小孩不能取到的地方	小孩	
6	药箱	置于小孩不能取到的地方	小孩	
7	刀剪、针等	置于小孩不能取到的地方	小孩	
8	小件物体	置于小孩不能取到的地方	小孩	
9	玻璃门窗	使用钢化玻璃。在玻璃上张贴画片，使明显易见		
10	楼梯	钉防滑条		
11	楼梯护栏间隔	家有小孩不可＞100mm	小孩	

续表

序号	家居安全陷阱	安 全 对 策	主要受害者	危害等级
12	窗户护栏	家有小孩不可＞100mm。无护栏采用“开窗限制器”（分平开窗、推拉窗两种）	小孩	
13	配电箱	安装漏电保护器(R.C.D)		
14	铝线	全部拆换成铜芯护套线		
15	吊顶内强电塑料管布线	全部换成金属管		
16	电源线路截面过小	表前线不应小于 $10mm^2$，户内分支线不小于 $2.5mm^2$。厨房、空调等大功率电器分支线不应小于 $4mm^2$		
17	电线邻近高温物体	严禁电线邻近高温物体		
18	电源或电器邻近易燃化学品	家中不放易燃化学品		
19	插头或插座发热或烤焦	立即换用国标安全插座		
20	大量插头插在活动插座上	电量较大的电器最好直接接驳一个电源		
21	开关插座及电器周围环境潮湿	保持周围干爽		
22	导线接头	导线应尽量减少接头		
23	劣质电线	使用国标的电线		
24	破损外露的电线	破损外露的电线不宜用绝缘胶布包好继续使用		
25	水渗入电器内部	绝对禁止		
26	回路和插座	高容量电器(如空调、冰箱、微波炉等)，采用专用的回路和插座		
27	插头及插座	用三相插座，勿用两相插座。使用有保护活门和开关的插座		
28	活动插座的电线	用“收线器”。放地毯下的拖线慎防磨损		
29	电器有不寻常征兆	立即停电，检查原因		
30	床头开关	严禁装设软线引至床边的床头开关		

续表

序号	家居安全陷阱	安　全　对　策	主要受害者	危害等级
31	阳台或卫生间内插座	采用密封型并带保护地线触头的保护型防水防潮插座，安装高度不低于1.5m		
32	套管走线	一根管里最多只能走3根线，否则检修或换电线时，易产生过大摩擦力，造成不安全隐患		
33	卫浴空间漏电	等电位连接		
34	大吊灯	当吊灯灯具的重量超过1kg时，要采用金属链吊装		
35	石英灯	可燃物之间应采取隔热、散热等防火保护措施		
36	火柴、打火机	置于小孩不能触及的地方		
37	霉菌	保持干爽和通风		
38	浴室内开头、插座等	拆除		
39	塑料袋	塑料袋套头易引致小孩窒息，将塑料袋保管好		
40	电视机	要通风散热，勿让电源积尘		
41	折叠桌、折叠凳	采用有安全锁的折叠桌		
42	双层床	小孩避免睡上层，床栏应高出褥面200mm		
43	婴儿床	婴孩床栏间隔<60mm		
44	房门夹手	加装门头开关或“硬胶门顶”		
45	折叠门夹手	在折叠门开合口加薄胶片掩盖		
46	抽屉夹手	加装“抽屉开关”		
47	四轮坐椅轮距太小容易跌摔	选择轮距大于350mm的坐椅		
48	用椅子或桌子攀高	用铝折叠梯		
49	地面不平	修整平坦		
50	地面有台阶	应标示明显		

续表

序号	家居安全陷阱	安全对策	主要受害者	危害等级
51	油漆颜料	选用不含铅的水溶剂让有害气体挥发掉		
52	室内污染气体	通风换气，摒除污染来源，种植减少污染的植物		
53	小孩拉下餐桌布	有一两岁小孩弃用桌布		
54	无床头灯	加床头灯开关或夜灯		
55	冰箱、洗衣机	有六岁以下小孩应上锁		
56	小孩开煤气灶开关	加炉头安全套，关闭总闸		
57	吊柜	忌置重物，如低于人头，下面加地柜		
58	火灾	预备灭火器或烟雾警报器		
59	安防报警	一切取决于保安的主动性和反应程度		
60	门锁	户门锁的朝外面最好没有任何暴露的螺钉		
61	防盗门	门与门框有三点以上的插孔固定，门体夹层中有数根加强筋		
62	附近高压输电线电磁辐射	离高压输电线 50m		
63	电热地暖电磁辐射	婴幼儿离开此环境		
64	电视的电磁辐射	距离电视机 3m 远以上，看完电视后应洗脸		
65	微波炉电磁辐射	人至少应离炉 0.5m 以上，不可在炉前久站		
66	电热毯	孕妇、儿童、老人少用		
67	其他电磁辐射	远离辐射源，减少与辐射源接触的时间，孕妇等环境因素敏感人群应穿防护服		
68	电饭煲、微波炉	不使用时应拔掉插头，以免孩子偶然开动		
69	误食危险品	不要把不能吃的东西放进盛装食物的容器		

续表

序号	家居安全陷阱	安　全　对　策	主要受害者	危害等级
70	电线垂在孩子可以牵拉的地方	收好电饭煲的电线，以免孩子从桌子拉下来砸伤自己		
71	卫生球	衣物不要用卫生球来防蛀		
72	玩具饰面含有毒成分	不应该是油漆表面		
73	玩具	有锐利尖点和边缘的玩具应避免为 8 岁以下儿童使用		
74	毛绒玩具致病	一定要多清洗或以稀释了的消毒用品作消毒		
75	洗衣机	必须具有接地或接零保护，不要用湿手去拔插头		
76	暖风机	不要过于接近浴缸、脸盆或淋浴房		
77	电暖器	温控器不要始终调定在最高档，长时间高温工作易使内部器件烧损老化或保护性遭到破坏		
78	电热水器	停止使用后，注意通风，保持电热水器干燥，安装“全能漏电保护器”		
79	燃气热水器	不用直排式燃气热水器		
80	噪声	隔声		
81	宠物的攻击	不要随意接近陌生的宠物，不要试图触摸一只发怒的宠物		
82	宠物疫病	不要亲吻宠物或让宠物离自己嘴太近。不要让宠物靠近厨房或食物		
83	“口袋宠物”	触摸过啮齿动物及它们的箱子或被褥后要立即洗手		
84	毒虫	注意室内卫生，物品不要直接堆放地上，注意防潮，定期在阴暗角落喷洒杀虫剂		
85	煤气管道改造	煤气管道的改造要由专业公司负责，严禁移动燃气表具		

续表

序号	家居安全陷阱	安全对策	主要受害者	危害等级
86	煤气管道入墙	煤气管道不能埋入墙内或用装饰物覆盖		
87	煤气管道的插座和开关	煤气管道应尽可能设置在通风处，被橱柜遮挡部分周围不得有电源插座和开关		
88	煤气管道穿越卧室	不得穿越卧室，穿越吊顶内的燃气管道不得有接头		
89	烟道风道	烟道风道不得任意拆改、封堵、变径		
90	管道井的检修口	检修口规格尺寸应不小于400mm×400mm，高度与位置均应正对排水主管的清污口和水表		
91	管道井内的防水层	不可任意缩小或改变管道井的大小，不可破坏管道井内的防水层		
92	霉菌	通风与日照		
93	尘螨	勤打扫，通风		
94	厨卫地面过滑	用防滑地砖，抹去湿水，安装浴缸安全扶手、防滑垫		
95	水龙头热水烫伤	使用带安全按钮的热水龙头		
96	小孩玩水	用龙头安全盖，坐厕用“厕板夹”小孩在浴缸玩水有大人陪同		
97	燃气管过旧，或在灶眼边	定期检查燃气管		
98	煤气泄漏	使用可燃气体泄漏报警装置		
99	有害植物	植物理性取舍		
100	老人和残障人士的自救设施	能随时召唤护理人员、有各种按铃报警装置，洗浴设施和过道两边安装两扶手		
101	下水管道内蟑螂、蜈蚣	安装三防地漏，密封下水管与下水道的连接处		

续表

序号	家居安全陷阱	安全对策	主要受害者	危害等级
102	下水管道返味	安装三防地漏，密封下水管与下水道的连接处		
103	水管安装靠近电源	水管与电源的间距不小于50mm		
104	灶台旁挂放易燃品	灶台旁尽量不挂任何物品		
105	烟道异味与串烟	采用变压式止逆烟道，楼顶增加引风机，并安装一个联动控制线路		
106	厨房墙壁、天花板	使用阻燃性防火材料和装置热感式警报器		
107	使用气体炉具而厨房又没有良好的通风设施	改善自然通风，安装通风设施		
108	大件物品及重物	勿放在柜顶等高处		
109	危险物品放在桌边	不要将热的饮料、玻璃器具及刀具放在桌子的边缘		
110	厨房改成卧室	擅自改变房屋用途，一旦煤气泄漏，极其危险		
111	在阳台上砌墙	不能在阳台上砌砖、贴重物		
112	切断墙体钢筋	不因排放管线而凿墙切断钢筋		
113	改动梁柱	不能动梁柱		
114	大量使用超重材料	地面铺贴大理石、花岗石，厚度不能超过5cm		
115	配重墙	不能随意拆除阳台与室内之间墙体		
116	拆改承重墙	厚度超过24cm以上的砖墙也属于承重墙，不能拆改		
117	楼板打孔	地热取暖的情况，绝对禁止在地板和楼板上钻孔		
118	漏水	水不只能破坏房屋，它同时可引致触电伤亡。如果电线出现漏电，严重漏水时要关闭水阀		
119	画框坠落	安装牢固		
120	饮水机烫伤	置于孩子够不到处，平时关闭电源		

（二）特别测试：看图识危险

对照着两幅图画，看看 20 个家居常见危险点是否都找到了。

好奇、好动是孩子的天性，这使他们常常在“危险”的边缘盘桓，而“陷阱”往往就隐藏在我们看似时尚却失去秩序的家中。所以，察觉这些容易被我们忽视的安全漏洞，才有可能把家居安全的隐患降到最低。这两幅图画中存在着 20 个常见家居危险点。

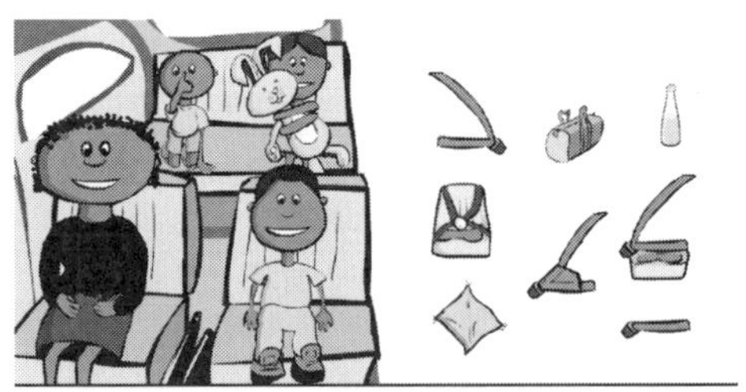

车内的安全同样十分重要，对照图画，看看列出的 8 个重点我们该怎样做。

下篇　家居环保

身为设计师或使用者，需肩负的重要使命，就是创建实质的生活潮流和生活状态而对存在的自然环境不产生负面影响。

十二、室内生态环境

（一）环保住宅标准

环保住宅是以人为本，在环保和生态平衡的基础上，达到高品质生存、生活的空间。要保证居住的空间不受污染，而且在使用过程中不对人体和外界造成污染。这里所说的污染是指空气污染、光污染、视觉污染、噪声污染、饮水污染、排放污染等。环保住宅应符合下列标准：环保、健康、舒适、美化。

世界卫生组织确定的环保住宅标准是：

（1）尽可能不使用有毒的建筑装饰材料装修房屋，如含高挥发性有机物、甲醛、放射性的材料；

（2）室内二氧化碳含量低于0.10%，粉尘浓度低于0.15mg/m³；

（3）室内气温保持在16～28℃，湿度全年保持在30%～80%；

（4）噪声级小于50dB(分贝)；

（5）一天的日照要确保在3小时以上；

（6）有足够亮度的照明设备，有良好的换气设备；

（7）有足够的人均建筑面积并确保私密性；

（8）有足够的抗自然灾害的能力；

（9）住宅要便于护理老人和残疾人。

（二）环保家居是个节能屋

建筑节能包括很多方面，而环保家居的节能是指所用材料能够达到生活节能的标准。这种节能效果最早体现在门窗的革命上。我们曾经普遍使用的木窗、钢窗现在已被淘汰。原因就是木窗、钢窗虽有采光功能，但密封性能很差，既挡不住风沙，也挡不住雨水，使室内温度大量流失，造成冬冷夏热，耗费大量能源，也使居住者极不舒服。

现在普遍使用的塑钢门窗有较好的密封性能。但是，这种良好的隔热保温性虽然减少了建筑能源消耗，却给室内空气质量带来新问题。人们在封闭的居室内衣食住，产生了大量的异味和灰尘，由于通风不好，也会使人们受到伤害。虽然解决了建筑节能的问题，但又带来了室内空气质量下降的新问题，如用环保的标准来衡量是不合格的。

环保家装应符合下列标准：环保、健康、舒适和美化。
(图片提供:Kate Mullins)

在欧洲，环保家居的标准之一，就是采用节能的密封窗，但同时又要求窗上须装配通风装置。这种装置是由电脑控制的。首先，电脑设定室内温度和空气纯净度，一旦室内的温度和空气纯净度达不到标准，通风装置会自行启动净化室内空气。比如，人们住入欧洲的旅馆，许多窗户是打不开的，无论在室内从事什么样的活动，产生什么样的气味，很快就会消失。这就是通风装置的环保功能。当然，这在我国还是个梦想，由于种种条件的制约，无论居室装修得多么豪华，人们还要靠开窗通风，否则，只有生活在污浊的空气中。从这个意义上讲，环保家居在做到建筑节能的同时，能否真正环保，在我国还是一个没有解决的问题。

(三) 环保建材

房子是供人遮风避雨的，但从古至今无论是土房、草房，还是现代化建筑，在房子内外都或多或少地留下了装饰的痕迹。随着装饰之风日渐盛行，人们把房子的美化与房子的使用功能看得同等重要。然而，物极必反，大量的装修却给室内空气造成了污染，并对人体健康造成威胁。

早在 1950 年左右，欧洲的一些建材生产商就已经敏锐地发现了这个问题。他们提出，建筑材料时时处处构筑着环境，影响着人的生活质量。所以，要生产健康型建筑材料。过了若干年，欧洲人又把健康型建材解释为环境保护型建材，同时出现了“蓝天使”为代表的一批环保建材认证标志。欧洲的这种概念传到我国后，国人又给它起了个浪漫的名字，叫做绿色建材。这就是环保家居，即环保建材概念的产生过程。

环保建材在欧洲已经历了几十年的历程，形成了一套科学规范的体系，对这个概念的内涵也有了明确而全面的解释。在欧洲，“节能、无毒无害、净化环境”概括了环保建材的种种特性。

目前，我国建材行业对绿色建材还没有一个公认的、权威的定义，只是听凭生产厂家自说自话。有人说，他生产的材料无毒的，就是环保的；有人说，他生产的材料不污染环境，也是环保的；有人说，他生产的材料不会形成新的污染，仍是环保的。显然，这些说法都显得片面和苍白。

几年前，社会上出现了一些绿色建材标志认证机构，有政府办的，有科研单位办的，有协会办的，有企业办的，甚至还有几个人凑在一起就收费的。显然这种认证现状十分混乱，也十分不严肃。他们发出去的绿色建材标志，有多少权威性和科学性呢？实在令人怀疑。

环保型材料主要有几种：

1. 基本无毒无害型。是指天然的，本身没有或极少有毒有害的物质，未经污染，只进行了简单加工的装饰材料。如石膏、滑石粉、砂石、木材、某些天然石材等。

2. 低毒、低排放型。是指经过加工、合成等技术手段来控制有毒、有害物质的积聚和缓慢释放，因其毒性轻微，对人类健康不构成危险的装饰材料。如甲醛释放量较低，达到国家标准的大芯板、胶合板、纤维板等。

3. 目前的科学技术和检测手段无法确定和评估其毒害物质影响的材料，如环保型乳胶漆、环保型油漆等化学合成材料。这些材料在目前是无毒无害的，但随着科学技术的发展，将来可能会有重新认定的可能。

（四）室内环境污染

1. “病态建筑物综合症”

许多人抱怨在室内环境中生活感觉不适，主要表现为，眼睛不适、鼻腔和咽喉不适、流鼻水或鼻塞、胸闷、空气有刺激性、头痛、精神无法集中和过敏等。世界卫生组织将此现象称为“病态建筑物综合症”（SICK BUILDING SYNDROME）。更有甚者，由于室内环境污染而导致中毒，直至出现癌症等严重的疾病。相对于没有空调的建筑物来说，这些症状似乎在设有空调的建筑中发生的几率更大，当受影响的对象离开相关建筑时，这些症状会有所减轻或消失。

现代建筑中封闭性加强、通风率过低是导致“病态建筑综合症”的主要原因，但更多的人并不这样认为。因为，一方面受害者并没有十分明显的可以查出致病因的症状；另一方面，在建筑物内，由建筑材料释放出来的污染物种类很多，而且噪声、灯光、工作压力等均会在一定程度上对工作人员产生一定的影响，因此，大多数人认为“病态建筑综合症”是由多种因素共同作用的结果。

虽然“病态建筑综合症”不会直接危害生命或对机体产生永久性伤害，但会对人员的体质和工作效率产生影响。

2. 室内环境污染分类

总体来说，室内环境污染源按其性质可分成五类，具体如下：

① 化学性污染源

包括挥发性的有机化合物和无机化合物。主要包括从装修材料、化妆用品、涂料、厨房等地方释放或排放出来的包括氨、氮氧化物、硫氧化物、碳氧化物等无机污染物及甲醛、苯、二甲苯等在内的有机污染物。

② 物理性污染源

主要来自室外地基、井水和建材的放射性氡及其子体，室内外的噪声，室内电器设备的电磁辐射，照明。包括温湿度过高或过低所引起的相关问题及石棉污染等。

③ 生物性污染源

主要来自于生活垃圾，湿、霉的墙体、空调、宠物、地毯、家具等，包括细菌、真菌类孢子、藻类等体积极小但可引起过敏反应的物质，往往产生于冷气或通风系统的隔尘网和管道系统积尘，可引致打喷嚏、眼睛不适、咳嗽、气喘、眩晕和精神不振，有些还会触发过敏反应或哮喘。此外由于室内一些花卉而导致的花粉过敏也可属于生物污染。

④ 放射性污染

主要是来自从混凝土中释放出来的氡气及其衰变子体，还有由石材制成品如大理石台面、洁具、地板等释放的 γ 射线。

⑤ 大气颗粒物污染

由室外进入或厨房烹饪过程中产生的颗粒物，它们往往由于吸附一些能导致人体癌变的化学物质而被人类所普遍关注，同时人们在梳妆或搔痒过程中产生的一些皮屑也可归于此类。

3. 悬浮颗粒物和气态污染源

造成室内空气污染的有害物质按状态分，主要有悬浮颗粒物和气态污染源两大类：

	种　类	主要来源
气态污染源	包括甲醛、苯系物：苯、甲苯、二甲苯、总挥发性有机化合物（TVOC）、游离甲苯二异氰酸脂（TDI），可溶性铅、镉、汞、砷等重金属元素，氨、氡、放射性物质、石棉、酚类物质、环氧树脂、一氧化碳、二氧化碳、氮氧化物、臭氧、二氧化硫及有机蒸气	主要来自装修材料（甲醛）、复印机（臭氧）、香烟烟雾（尼古丁）、清洁剂（甲酚）、溶剂（甲苯）和燃烧产物（硫氧化物、铅）等
悬浮颗粒物	灰尘、棉絮、粉尘、纤维、细菌和病毒等	源自烟雾、尘埃、煤灰等

4. 污染物的浓度高低的相关因素

室内空气中污染物的浓度高低与以下因素密切相关：

① 室内温度和相对湿度。

② 室内装修的选料。

③ 室内换气数（即室内空气流通量）。

④ 房屋所处的空间位置的高低（通常，对同一座建筑，地下室内氡浓度必然高于上层）。

⑤ 地面、墙壁是否密封。

（五）室内物理环境、化学环境、生物环境及其设计对策

1. 室内环境的评价

1）物质流的良性循环（水、废弃物）

2）能量形式的良性转换（太阳能、绿化能等）

3）消除或减少破坏良性循环的因素（电磁波、有害物质及有害气体）

2. 室内物理环境、 化学环境、 生物环境及其设计对策

室内生态环境		特　点	设计对策
物理环境	热环境	温度变化	保温隔热(密封绝热)绿化
		湿度变化	自然通风
	声环境	噪　声	密闭隔声，隔声(吸声)材料，绿化隔声
	光环境	天然采光	按日照标准，绿化遮光
		光污染，眩光	遮挡(遮光材料)，减少光源，降低照度
	电环境	静电，人工照明	安全静电屏蔽
	电磁环境	电磁辐射	电磁屏蔽，调整
	污染空气	含尘量	通风，植物净化空气
	安全环境	材料阻燃性	使用阻燃材料
化学环境	装修污染	甲醛，苯系物等	使用环保建材，绿色植物，通风
	污浊空气	二氧化碳等	通风，绿色植物净化空气
	建材辐射	氡　气	通风，使用环保建材，绿色植物
生物环境	细　菌	含量是否超标	通风，日照，杀菌(紫外线杀菌)
	尘　螨	清洁度不够	通风，日照，清洗，勤清扫
	潮湿发霉	湿度大，通风差	通风，日照，湿度保持低于50%

(六) 特别提示

1. 合格建材并非无害

所谓达标产品是指有害物质在国家标准的限量之内的产品，它所释放的有害物质人体能够承受。换句话说，包括板材、石材、油漆涂料以及水泥在内的主要建材没有一个是无害的，区别只是有害物质多少而已。

建材释放的几种主要有害物质基本上是无法避免的，这跟材料本身和生产工艺有关。如甲醛，主要来自经加工过的板材。板材加工过程中需要用胶水，这样才能防虫防腐，而胶水中就有大量甲醛。

有时候虽然使用的所有建材都达标，可装修后室内空气有害物质很可能超标。因为有害物质有叠加效果。

只要装饰材料中的有害物质被密封在材料当中，不散发到室内空气中去，一般就不会对人体造成伤害。所以我们更应该注意的是装饰材料中有害物质的空气释放量。室内良好的通风条件，则可以将有害物质带走，降低对人体的伤害。

绿色建材并不可信，到目前为止尚无一个关于“绿色”建材的清晰标准，很多商家所谓的“绿色”建材都是自己搞出来的。

2. 产品检测报告并不可靠

根据有关规定，在市场上出售的建材产品检测结果必须符合国家标准。然而目前市场上许多建材产品的检测报告并不可靠。

1）很多检测样品是送检的。这种检测报告根本没有可信度，因为商家完全可以把质量最好的样品送去检验，从而获得好的结果。

2）检测报告都有时效性，是针对某一批产品的。而厂家的生产是不间断的，一批产品的检测报告不适用于另一批产品。

3）一些不法厂商甚至伪造检测报告和产品说明书。

如何衡量建材产品有害物质是否超标？理论上惟一可靠的办法只有请权威检测机构来作检测，但现实生活中并不可行。因此，应尽量避免为图便宜选购杂牌材料，一些著名品牌还是信得过的。

十三、家居有害物质：化学性污染

就目前而言，主要是室内装饰装修材料散发有害有毒的污染物质，污染室内环境。这种来自装修本身的室内污染称为装修污染。装修污染是家居污染的主要根源。

（一）有毒的装修材料

室内有毒的装修材料与相关污染物

种　　类	主要装饰材料	主 要 污 染 物
木质板材	胶合板（夹板）	甲醛、苯
	细木工板（大芯板）	甲醛、苯
	密　度　板	甲醛、苯
	刨　花　板	甲醛、苯
	装 饰 面 板	甲醛、苯
	防　火　板	甲　　醛
	三聚氰胺板	甲醛、苯
瓷　　砖	釉　面　砖	氡
	通　体　砖	氡
	抛　光　砖	氡
	玻　化　砖	氡
	金 属 锦 砖	氡
	玻 璃 锦 砖	氡
	石 材 锦 砖	氡
石　　材	花岗石（麻石）	氡
	砂　　　岩	氡
	鹅　卵　石	氡
	天 然 石 材	氡
	人造文化石	氡
泥水材料	水　　泥	氡
	沙	氡

续表

种　类	主要装饰材料	主要污染物
泥水材料	添加剂(108胶、白乳胶)	苯、甲醛
	碎　石	氡
	红　砖	氡
	空心砖	氡
	填缝剂	甲醛、TDI
	水泥砖	氡
给排水材料	镀锌铁管	锈蚀，重金属含量过高
	聚氯乙烯(PVC)管	化学添加剂酞
油漆及稀释剂	硝基漆	苯、甲苯、二甲苯
	聚酯漆	苯、甲苯、二甲苯、TOVC
	聚氯酯漆	苯、甲苯、二甲苯、TOVC
	酚醛清漆	苯、甲苯、二甲苯、TOVC
	磁　漆	苯、甲苯、二甲苯、TOVC
	防火漆	苯、甲苯、二甲苯、TOVC
	防锈漆	苯、甲苯、二甲苯、TOVC
	固化剂	TDI(甲苯二异氰酸酯)
	天那水(香蕉水)	苯
	化白水(防白水)	苯
溶　剂	溶　剂	苯
	胶粘剂	甲醛、苯、甲苯、二甲苯
	早强剂、防冻剂	氨
家　具	家　具	甲醛、氨、TOVC、苯
地　板	复合地板	甲醛、苯、甲苯、二甲苯、TOVC
	数码地板	
	塑胶地板	
	地板胶	
	地　垫	
合成织物	墙　纸	苯、甲苯、二甲苯、TOVC
	地　毯	甲醛、TOVC
	其他合成织物	甲醛、TOVC

（二）甲醛

甲醛(HCHO)是一种无色，具有刺激性且易溶于水的气体。是一种挥发性有机化合物，污染源很多，污染浓度也较高，是室内的主要污染物之一。夏季高温天气时甲醛释放量要比平常高出20%～30%。医学上也用甲醛消毒。其35%～40%的水溶液通称为福尔马林，常作为浸渍标本的溶液。室内环境中的甲醛来源主要有:

1. 用作室内装饰的胶合板、细木工板、中密度纤维板和刨花板等人造板材。因为甲醛具有较强的粘合性，还具有加强板材的硬度及防虫、防腐的功能，是形成室内空气中甲醛的主体；因此凡是用到粘合剂的地方总会有甲醛气体的释放。

2. 使用不合格的人造板制造的家具。

3. 含有甲醛成分并有可能向外界散发的其他各类装饰材料，如泡沫塑料、油漆和涂料等。

4. 燃烧后会散发甲醛的某些材料，比如香烟及一些有机材料。

5. 甲醛还可来自化妆品、清洁剂、杀虫剂、消毒剂、防腐剂、印刷油墨、纸张等。

在一般情况下，房屋的使用时间越长，室内环境中甲醛的残留量越少；温度越高，湿度越大，越有利于甲醛的释放；通风条件越好，建筑、装修材料中甲醛的释放也相应越快，越有利于室内环境的清洁。一般新装修的房子其甲醛的含量可达到0.40mg/m^3，个别则有可能达1.50mg/m^3。

美国职业安全卫生研究所(MOSH)已将甲醛列为人体可疑致癌物。

世界卫生组织(WHO)曾规定了甲醛对嗅觉、眼睛刺激和呼吸道刺激潜在致癌力的阈值，并指出当甲醛的室内环境浓度超标10%时，就应引起足够的重视。

甲醛含量超标造成毒害的主要症状有:

有刺激性异味和不适感;

刺激眼睛流泪，黏膜水肿;

咽喉不适，黏膜水肿疼痛，皮肤过敏;

头痛、恶心、呕吐、咳嗽、胸闷、气喘、全身无力、心悸失眠;

引起持久性头痛、肺炎、肺水肿、丧失食欲，甚至导致死亡;

长期接触低量甲醛，可引起呼吸道疾病、眼部疾病，女性月经紊乱、妊娠综合症，新生儿畸形、精神抑郁症，甲醛可致癌，对人体危害很大。

（三）三苯（苯、甲苯、二甲苯）

工业上常把苯、甲苯、二甲苯统称为三苯，苯化合物已经被世界卫生组织确定为强烈致癌物质。在这三种物质当中尤以苯的毒性最大。这些物质主要以蒸气形式被吸入，其液体可以皮肤吸收和摄入。苯为无色、浅黄色透明油状液体，具有强烈芳香的气体，易挥发为蒸气，易燃有毒。

苯主要来自于室内的装修材料，苯和苯系物质是常用的化工原材料，通常被用作油漆、涂料、填料的有机溶剂，比如“天那水”和“稀料”，它们的主要成分就是苯、甲苯或二甲苯。苯系物质具有很强的挥发性，装修使用后会迅速释放到室内空气中造成污染。

装修中用到的各种胶粘剂是“苯”的另外一个主要来源。目前溶剂型胶粘剂在装饰行业仍有一定市场，而其中使用的溶剂多数为甲苯，其中含有30%以上的苯，但因为价格、溶解性、粘接性等原因，仍然被一些企业采用。一些家庭购买的沙发释放出大量的苯，主要原因是生产中使用了含苯高的胶粘剂。这也是造成汽车内“苯”污染的主要原因。

装修中使用的防水材料，特别是一些用原粉加稀料配制成防水涂料，施工后 15 小时进行检测，室内空气中苯含量仍然超过国家允许最高浓度的 14.7 倍。一些低档和假冒的涂料中也存在苯，也是造成室内空气中苯含量超标的重要原因。

所有的液体清洁剂中都含有甲苯。木着色剂、塑料管中也含有甲苯和二甲苯。《民用建筑工程室内环境污染控制规范（GB 50325—2001）》中规定，室内装修所采用的稀释剂和溶剂，严禁使用苯；不应使用苯、甲苯、二甲苯和汽油进行除油和清除旧油漆作业。

室内环境中苯的来源主要是燃烧烟草的烟雾、溶剂、油漆、染色剂、图文传真机、电脑终端机和打印机、粘合剂、墙纸、地毯、合成纤维和清洁剂等。

甲苯主要来源于一些溶剂、香水、洗涤剂、墙纸、粘合剂、油漆等，在室内环境中吸烟产生的甲苯量也是十分可观的。

二甲苯来源于溶剂、杀虫剂、聚酯纤维、胶带、粘合剂、墙纸、油漆、湿处理影印机、压板制成品和地毯等。

女性对苯及其同系物危害较男性敏感，孕期接触甲苯、二甲苯及苯系混合物时，妊娠高血压综合症、妊娠呕吐及妊娠贫血等妊娠并发症和自然流产率明显增高。

苯可导致胎儿的先天性缺陷。在整个妊娠期间吸入大量苯的妇女，她们所生的婴儿多有小儿畸形、中枢神经系统功能障碍及生长发育迟缓等缺陷。实验证明，甲苯可通过胎盘进入胎儿体内。

人在短时间内吸入高浓度甲苯、二甲苯时，对中枢神经系统可以产生麻醉作用，轻者出现头晕、头痛、恶心、胸闷、乏力、意识模糊等症状；严重者可导致昏迷，以致呼吸、循环衰竭而死亡。如果长期接触一定浓度的甲苯、二甲苯同样会引起慢性中毒，长期接触苯系混合物的人中再生障碍性贫血患病率较高。

（四）氨

氨属于低毒类化合物。无色。当环境空气中氨达到一定浓度时，才有强烈的刺激气味。比空气轻（比重为0.5），可感觉最低浓度为5.3ppm。主要来自建筑施工中使用的混凝土外加剂，主要有两种，一种是在冬季施工过程中，在混凝土墙体中加入的混凝土防冻剂，另一种是为了提高混凝土的凝固速度，使用的高碱混凝土膨胀剂和早强剂。

正常情况下，不会出现污染室内空气的情况。可是近几年大量使用了高碱混凝土膨胀剂和含尿素的混凝土防冻剂，这些含有大量氨类物质的外加剂在墙体中随着温湿度等环境因素的变化而还原成氨气从墙体中缓慢释放出来，造成室内空气中氨的浓度不断增高。

室内空气中的氨也可来自室内装饰材料，比如家具涂饰时所用的添加剂和增白剂大部分都用氨水。氨水已成为建材市场中必备的商品。但是，这种污染释放期比较短，不会在空气中长期大量积存，对人体的危害相应小一些，但是，也应引起大家的重视。

另外，随着人们对氟立昂类物质破坏臭氧层的认识加深，目前世界范围内已开始禁止使用氟立昂作为制冷剂。曾一度退出主导制冷剂地位的氨——这种已经使用了一个半世纪的制冷剂，又被重新开始利用。这也是一种潜在的污染源。

氨是一种碱性物质，它对接触的组织都有腐蚀和刺激作用。可以吸收组织中的水分，使组织蛋白变性，并使组织脂肪皂化，破坏细胞膜。氨的溶解度极高，所以主要对人体的上呼吸道有刺激和腐蚀作用，减弱人体对疾病的抵抗力。浓度过高时，除腐蚀作用外，还可通过三叉神经末梢的反射作用而引起心脏停搏和呼吸停止。氨通常以气体形式吸入人体。进入肺泡内的氨，少部分为二氧化碳所中和，余下被吸收至血液，少量的氨可随汗液、尿或呼吸排出体外。氨被吸入肺后容易通过肺泡进入血液，与血红蛋白结合，破坏运氧功能。短期内吸入大量氨气后，可出现流泪、咽痛、声音嘶哑、咳嗽、痰带血丝、胸闷、呼吸困难，可伴有头晕、头痛、恶心、呕吐、乏力等，严重的可发生肺水肿、成人呼吸窘迫综合症，同时可能发生呼吸道刺激症状。所以碱性物质对组织的损害比酸性物质深而且严重。

美国制造化学师协会规定，工作人员可在低于 100ppm 的氨浓度下工作 8 小时。

（五）挥发性有机污染物（VOCs）

挥发性有机污染物分为四类：极易挥发性有机物（VVOCs）、挥发性有机物（VOCs）、半挥发性有机物（SVOCs）和与颗粒物或颗粒有机物有关的有机物（POM），而在对室内有机污染物的检测方面基本上以 VOCs 代表有机物的污染状况。一旦这些 VOCs 暂时或持久地超出正常的背景水平，就会引起室内空气质量问题，危及健康安全。

它的特点是种类多，成分复杂，长期低剂量释放，对人体危害大。总体来说，它的释放主要是由于使用了大量有机溶剂的溶剂型涂料以及家装使用的各种板材粘合剂。

室内环境中 VOCs 的来源主要是由建筑材料、清洁剂、油漆、含水涂料、胶粘剂、化妆品和洗涤剂等释放出来的，此外吸烟和烹饪过程中也会产生。

世界卫生组织曾在《就对室内空气污染物的关注所达成的共识》报告中列出了室内常见的 VOCs，见下表：

污染物	室内来源
甲醛	杀虫剂、压板制成品、尿素-甲醛泡沫绝缘材料（UFFI）、硬木夹板、粘合剂、粒子板、层压制品、油漆、塑料、地毯、软塑家具套、石膏板、接合化合物、顶棚瓦及壁板、非乳胶嵌缝化合物、酸固化木涂层、木制壁板、塑料/三聚氰烯酰胺壁板、乙烯基（塑料）地砖、镶木地板

续表

污染物	室内来源
苯	室内燃烧烟草的烟雾、溶剂、油漆、染色剂、清漆、图文传真机、电脑终端机及打印机、接合化合物、乳胶嵌缝剂、水基粘合剂、木制壁板、地毯、地砖粘合剂、污点/纺织品清洗剂、聚苯乙烯泡沫塑料、塑料、合成纤维
四氯化碳	溶剂、制冷剂、喷雾剂、灭火器、油脂溶剂
三氯乙烯	溶剂、经干洗布料、软塑家具套、油墨、油漆、亮漆、清漆、粘合剂、图文传真机、电脑终端机及打印机、打字机改错液、油漆清除剂、污点清除剂
四氯乙烯	经干洗布料、软塑家具套、污点/纺织品清洗剂、图文传真机、电脑终端机及打印机
氯　仿	溶剂、染料、除害剂、图文传真机、电脑终端机及打印机、软塑家具垫子、氯仿水
1，2-二氯苯	干洗附加剂、去油污剂、杀虫剂、地毯
1，3-二氯苯	杀虫剂
1，4-二氯苯	除臭剂、防霉剂、空气清新剂、抽水马桶及废物箱除臭剂、除虫丸及除虫片
乙　苯	与苯乙烯相关的制成品、合成聚合物、溶剂、图文传真机、电脑终端机及打印机、聚氨脂、家具抛光剂、接合化合物、乳胶及非乳胶嵌缝化合物、地砖粘合剂、地毯粘合剂、亮漆硬木镶木地板
甲　苯	溶剂、香水、洗涤剂、染料、水基粘合剂、封边剂、模塑胶带、墙纸、接合化合物、硅酸盐薄板、乙烯基(塑料)涂层墙纸、嵌缝化合物、油漆、地毯、压木装饰、乙烯基(塑料)地砖、油漆(乳胶及溶剂基)、地毯粘合剂、油脂溶剂
二甲苯	溶剂、染料、杀虫剂、聚酯纤维、粘合剂、接合化合物、墙纸、嵌缝化合物、清漆、树脂及陶瓷漆、地毯、湿处理影印机、压板制成品、石膏板、水基粘合剂、油脂溶剂、油漆、地毯粘合剂、乙烯基(塑料)地砖、聚氨脂涂层

(六) 放射性氡

自然界中任何物质都含有天然放射性元素，只不过不同物质的放射性元素含量不同罢了。氡是由放射性元素镭衰变产生的自然界惟一的天然放射性惰性气体，它没有颜色，也没有任何气味。

氡有别于可挥发气体，主要来源于房基及花岗石、砖砂、水泥、石膏等现代居室的建材和装饰材料，特别是含有放射性元素的天然石材。其中以花岗石放射最严重。根据石材的颜色可以简单判断辐射的强弱，红色、绿色、深红色的超标较多，如杜鹃红、印度红、枫叶红、玫瑰红等超标较多。

其次是煤渣砖、水泥、石膏等。瓷砖中的釉也有放射性。

相比之下，广东、福建等地建材的放射性比较高。而化工建材和木质建材中“氡”是相当低的；天然大理石是由放射性很低的石灰岩经变质而来得，可以放心使用。

对公众来讲，室内氨气等可挥发性气体固然可怕，但是从危害性、认识程度等方面讲，我们应该对室内的氡气污染更加重视。

氡通过呼吸进入人体，衰变时产生的短寿命放射性核素会沉积在支气管、肺和肾组织中。当这些短寿命放射性核衰变，释放出的α粒子对体内照射损伤最大，可使呼吸系统上皮细胞受到辐射。长期的体内照射可能引起局部组织损伤，甚至诱发肺癌和支气管癌等。据估算，人的一生中，如果在氡浓度 $370Bq/m^3$ 的室内环境中生活，每千人中将有 30～120 人死于肺癌。氡及其子体在衰变时还会同时放出穿透力极强的γ射线，对人体造成外照射。

若长期生活在含氡量高的环境里，就可能对人的血液循环系统造成危害，如白细胞和血小板减少，严重的还会导致白血病。

1922 年，埃及多名考古学家发掘古埃及杜唐卡门法老陵墓，其后离奇死亡，自此法老毒咒之说不胫而走，人们都传说古埃及人在金字塔里下了毒咒，使得擅闯入金字塔的人中毒咒而送命。其实，他们的真正死因是金字塔内高含量氡气。金字塔含有大量具有危险程度的氡气，令接触者患肺癌而死亡。专家研究发现，这种令人致命的氡气是建筑金字塔石块及泥土内所含的衰变铀元素释放出来的。含氡气最高的三处古埃及建筑，依次是开罗以南的沙喀姆喀特金字塔、阿比斯隧道及萨拉比尤姆陵墓。

由于氡的危害是长期积累的，且不易被察觉，因此必须引起高度重视和防护工作。在进行家庭装修时应注意选择含氡量低的装饰材料。增加室内通风是最方便、最有效的降氡措施。当门窗敞开时，室内氡及其子体的浓度与外环境中的大致相等，特别是冬季人们为避风寒门窗紧闭，夏季为避暑热安装空调，使得居室常常被营造成一个封闭的空间，造成室内氡逐渐积存，浓度上升，所以在夏季经常开窗换气尤为重要。

对氡浓度高的家庭，也有简单易行的补救措施。

降低氡的浓度，最常用的方法便是通风。以广州一户住房为例，门窗关闭一夜之后，氡浓度是 151Bq/m³，开窗通风 1 小时后，则已降为 48Bq/m³。对于地下室，也应解决通风问题，并在墙壁和地面覆盖质密的材料或防氡涂料，以阻挡氡的扩散。这里很好的例子便是地铁。在北京和广州的地铁里检测，其氡浓度非常低，范围在 17～54Bq/m³ 之间。这是因为地铁内墙壁铺有放射性低而质地又很密的材料，加上有很强的通风系统。

住平房或一层楼房的家庭，应该堵塞、密封室内地板上的缝隙；还可以采用安装排风扇，使用空气清新器等措施，降低氡的浓度。

（七）一氧化碳

一氧化碳(CO)，即“煤气”的主要成分，是一种无色、无臭、无味、无刺激性，对血液和神经有害的毒性气体。一氧化碳是在燃烧不充分条件下产生的。室内环境中的一氧化碳主要来源于人群吸烟、取暖设备及厨房。

一支香烟通常可产生大约 13mg 的一氧化碳，对于透气度高的卷烟纸，可以促使卷烟完全燃烧，产生的一氧化碳量会相对的较少。取暖设备和厨房产生的一氧化碳主要是燃料的不完全燃烧引起的。由于一氧化碳在空气中很稳定，如果室内通风较差，一氧化碳就会长时间滞留在室内。

一氧化碳在大气中的存在寿命很长，一般可存留 2～3 年。因此这是一种数量大、积累性强的大气污染物。一氧化碳随空气进入人体后，经肺泡进入血液循环，能与血液中红细胞里的血红蛋白、血液外的肌红蛋白和含二价铁的细胞呼吸酶等形成可逆性结合。高浓度一氧化碳可引起急性中毒，中毒者常出现脉弱、呼吸变慢等反应，最后衰竭致死。慢性一氧化碳中毒会出现头痛、头晕、记忆力降低等神经衰弱症状。长期生活在低浓度一氧化碳环境中的心血管病人，能促使血液中的类脂质和胆固醇在血管中沉积，使病情恶化。

（八）二氧化碳

二氧化碳(CO_2)为无色、无臭气体，能被液化，其再度转化为气体时，蒸发极快；未蒸发的液体凝结而成的雪状固体，称为干冰。

室内二氧化碳主要来自人体呼出气体，燃料燃烧和生物发酵。室内二氧化碳水平受人均占有面积、吸烟和燃料燃烧等因素影响。在北方，冬天燃烧烹饪及分散式取暖，加上通风不足，室内二氧化碳浓度可达2.0%(4000mg/m^3)以上。在南方，由于室内通风条件良好，如果人均占有面积大于3m^3，室内二氧化碳浓度均在0.10%以下。

室内空气二氧化碳浓度分类

浓度分类	空气质量分类	人体反应
浓度在0.07%以下时	属于清洁空气	人体感觉良好
当浓度在0.07%～0.1%时	属于普通空气	个别敏感者会感觉有不良气味
当浓度在0.1%～0.15%时	属于临界空气	室内空气开始恶化
当浓度在0.15%～0.2%时	属于轻度污染	人体开始感觉不适
当浓度超过0.2%时	属于污染较重	出现头疼、耳鸣
当浓度在0.3%～0.4%时	属于严重污染	呼吸加深，血压增加
当浓度达到0.8%以上时	属于特别严重污染	引起死亡

(九) 氮氧化物

通常人们所指的氮氧化物是一氧化氮和二氧化氮的总称，是常见的空气污染物。一氧化氮是一种无色无味的气体，微溶于水，一氧化氮在空气中很容易转化为二氧化氮。二氧化氮有刺激性，在室温下为红棕色，具有较强的腐蚀性和氧化性，易溶于水，在阳光作用下能形成一氧化氮及臭氧。

就全球来看，城市大气中的氮氧化物大多来自于燃料燃烧。据计算，各种燃料燃烧产生的氮氧化物量为：

1t天然气，6.35kg

1t石油，9.1～12.3kg

1t煤，8～9kg

而以汽油、柴油为燃料的汽车，尾气中氮氧化物的浓度相当高。在非采暖期，以北京市为例，一半以上的氮氧化物来自机动车排放。

室内空气中的氮氧化物污染主要来自室外空气污染。其次是烹饪和取暖过程中燃料的燃烧(燃煤气和液化气排放的污染物主要是氮氧化物)。室内氮氧化物浓度、扩散和稀释取决于通风量，通风量越大，氮氧化物稀释扩散越快，浓度下降越明显。吸烟也是室内氮氧化物的主要来源。

有研究表明冬季燃烧原煤的厨房和卧室空气中氮氧化物日平均浓度分别为0.159mg/m^3、0.132mg/m^3，燃烧煤气用户的厨房和卧室空气中氮氧化物日平均浓度分别为0.091mg/m^3、0.078mg/m^3，燃烧液化气用户分别为0.070mg/m^3、0.064mg/m^3。夏季使用三种燃料产生的氮氧化物日平均浓度均低于冬季。因此室内环境中氮氧化物的产生不仅和能源结构有关，而且随着季节的变化也是不同的。

氮氧化物可刺激肺部，使人较难抵抗感冒之类的呼吸系统疾病，呼吸系统有问题的人士，如哮喘病患者，会较易受二氧化氮影响。对儿童来说，氮氧化物可能会造成肺部发育受损。长期吸入氮氧化物可能会导致肺部构造改变。

（十）臭氧

臭氧为无色气体，是一种带有鱼腥味的强氧化剂。其比重为空气的1.66倍，常集聚在居室的下层空间。在常温下分解缓慢，在高温下分解迅速，形成氧气。臭氧在水中的溶解度比较高，是一种常见高效消毒剂，可作为生活饮用水的消毒剂使用。

室内臭氧源主要是电视机、复印机、激光印刷机、负离子发生器、紫外灯、电子消毒柜等。复印机、激光打印机及电子消毒柜在操作过程中，由于高压静电和紫外线作用而产生高浓度的臭氧；另外经定影发热使墨粉溶解后也会产生大量有机废气。没有室内臭氧源时，室内臭氧浓度约为室外浓度的20%～30%。室内的臭氧可以氧化空气中的其他化合物而自身还原成氧气；还可被室内多种物体所吸附而衰减，如橡胶制品、纺织品、塑料制品等。臭氧是室内空气中最常见的一种氧化型污染物。

臭氧强烈刺激人的呼吸道，造成咽喉肿痛、胸闷咳嗽，引发支气管炎和肺气肿；臭氧会造成人的神经中毒，头晕头痛、视力下降、记忆力衰退；臭氧会对人体皮肤中的维生素E起到破坏作用，致使人的皮肤起皱，出现黑斑；臭氧还会破坏人体的免疫机能，诱发淋巴细胞染色体病变，加速衰老，致使孕妇生畸形儿，而墨粉发热产生的有机废气更是一种强致癌物质，它会引发各类癌症和心血管疾病。

（十一）二氧化硫

二氧化硫是有强烈刺激性的无色气体，易溶于水；二氧化硫对室内环境的污染与家庭炊事模式、通风情况、室内结构和燃料重量有关。

我国农村多数以烧煤饼、煤球及蜂窝煤为主，由于炉灶结构的不合理，煤不能完全燃烧，排放出大量的污染物，其中以二氧化硫为主。吸烟过程中也会产生二氧化硫。一般来讲，燃煤户室内空气二氧化硫浓度明显高于燃气户，厨房浓度高于卧室，冬季浓度高于夏季。冬季厨房可达 0.86mg/m^3，卧室达 0.50mg/m^3；而对于燃气户，室内二氧化硫主要来自于室外污染。

(十二) 二异氰酸甲苯酯

二异氰酸甲苯酯(TDI)为无色透明或淡黄色液体，是具有强烈刺激性气体的有机化合物，是二异氰酸酯类化合物中毒性最大的一种，它有特殊气味，挥发性大，不溶于水，易溶于丙酮、醋酸乙酯、甲苯等有机溶剂中。是生产聚氨酯材料的重要基础化工原料，主要用于制造聚氨酯油漆和聚氨酯涂料的固化剂，同时也用于生产软质聚氨酯泡沫等。

由于 TDI 主要用于生产聚氨酯树脂和聚氨酯泡沫塑料，且具有挥发性，所以一些新购置的含此类物质的家具会释放出 TDI。一些装修材料也会释放出 TDI，如一些用作墙面绝缘材料的含有聚氨酯的硬质板材，用于密封地板、卫生间等处的聚氨酯密封膏，一些含有聚氨酯的防水涂料。

这些途径释放的 TDI 都会通过呼吸道进入人体，尽管浓度不高，但是往往释放期是比较长的，故对人体是长期低剂量的危害。

长期接触或吸入高浓度的 TDI 蒸气可引起支气管炎、过敏性哮喘、肺炎、肺水肿。游离 TDI 对人体的危害主要是过敏和刺激作用。人体接触 TDI 气体后，对眼部刺激表现有，疼痛流泪、结膜充血；呼吸道吸入后，有咳嗽胸闷、气急、哮喘症状；皮肤接触后，可发生红色丘疹、斑丘疹、接触性过敏性皮炎；个别重病者可引起肺水肿及哮喘，引起自发性气胸，纵膈气肿，皮下气肿。

美国职业安全与健康署(OSHA)公布，TDI 是工人劳动接触量严格控制的化学品，八小时的平均接触浓度只为 0.005ppm。在我国制定的国家《职业性接触毒物危害程度分级标准 GB 5044》中，TDI 被列为高度危害级的化学物质。

（十三）酚类物质

酚及其化合物是中等毒性物质。酚类物质种类很多，均有特殊气味，易溶于水、乙醇、氯仿等物质，分为可挥发性酚和不可挥发性酚两大类。

室内空气中的酚污染主要是释放于家装建材。由于其可以起到防腐、防毒、消毒的作用，所以常被作为涂料或板材的添加剂；另外家具和地板的亮光剂中也有应用。

（十四）环氧树脂

环氧树脂是指含有两个以上环氧基团的高分子聚合物，它的种类很多，具有很强的粘附力。环氧树脂是合成粘合剂的重要成分，广泛应用于建材装修的各种板材及家居用品的粘合。

合成环氧树脂的主要单体是环氧氯丙烷，这种单体常有少量未被聚合，在使用过程中，未被聚合的游离单体就会释放到空气中；或者当环氧树脂受热时也会释放出部分环氧氯丙烷，从而造成室内空气污染。

（十五）重金属离子：铅

铅是一种银灰色的软金属，它本身及其化合物在常温下不易氧化，而腐蚀环境中的铅由于不能被生物代谢所分解，因此它在环境中属于持久性污染物。铅及其化合物都具有一定的毒性，进入机体后对神经、造血、消化、肾脏、心血管和内分泌等多个系统产生危害。目前常见的铅中毒大多属于轻度慢性铅中毒，主要病变是铅对体内金属离子和酶系统产生影响，引起植物神经功能紊乱、贫血、免疫力低下等。

通常水性涂料须加入一定量的防腐剂和防霉剂，含有汞、铜、铅、锡、砷等金属有机化合物的防腐防霉剂，具有较强的杀菌力，虽然其含量比较少，但其中有许多是半挥发性物质，其毒性不亚于发挥性有机物，有的毒性可能更大，其挥发速度慢，对居室有长期慢性的作用，对人体也有较大的毒害。

对于铅中毒，合理的营养措施能提高抵抗力，增强机体对有毒物质的代谢解毒能力，减少毒物吸收并促使其转化为无毒物质排出体外，有利于康复或减轻中毒症状。

1. 膳食中应包含足够量的优质蛋白质，特别是含硫氨基酸(如半胱氨酸)。丰富的蛋白质，对降低体内的铅浓度有利，也可减轻中毒症状。蛋白质不足会降低机体的排铅能力，增加铅在体内的贮留和机体对铅中毒的敏感性。一般每日摄入蛋白质应为1.5g/kg体重，其中动物蛋白及豆类蛋白，如牛奶、蛋类、瘦肉、家禽、鱼虾、黄豆和豆制品等应占1/2以上。

2. 铅接触人群应注意补钙。采取调配膳食钙磷比例的方法可达到降低机体铅负荷的目的。我国人民的膳食以粮食为主，结合肉类和豆制品，这些食品含磷丰富，能满足磷的需求，而钙的供给量相对不足。补充适量的钙可以减少铅吸收，降低铅毒性，缓解铅中毒症状。

3. 铅接触人群常常维生素缺乏，膳食调配时应选择富含维生素的食物，尤其是维生素C较为重要。铅可促进维生素C的消耗，使维生素C失去生理作用，故长期接触铅可引起体内维生素C的缺乏，甚至出现齿龈出血等症状。适量补充维生素C，不仅可补足铅造成的维生素C耗损，减缓铅中毒症状，维生素C还可在肠道与铅结合成溶解度较低的抗坏血酸铅盐，降低铅的吸收。同时，维生素C还直接或间接地通过保护巯基酶，参与解毒过程，促进铅的排出。适量补充维生素E可以抵抗铅引起的过氧化作用，补充维生素D则可通过对钙磷的调节来影响铅的吸收和沉积。补充维生素B_1、B_2、B_6、B_{12}和叶酸等，对于改善症状和促进生理功能恢复也有一定的效果。其中维生素B_1疗效尤为明显。

4. 微量元素铁、锌、铜、镁、硒、锗等均可与铅相互作用，减弱铅的毒性。缺铁时铅的吸收增加，软组织和骨内铅含量增高。低铜饮食可增加铅的吸收，增强铅的毒性。锌可影响铅的蓄积和毒性作用，增加锌的供给，可使组织中铅含量降低，减轻铅中毒的严重程度。近年来的研究还显示，有机硒和有机锗对铅均有一定的抵抗作用。

(十六) 石棉

石棉是一种被广泛应用于建材防火板的硅酸盐类矿物纤维，也是惟一的天然矿物纤维。石棉的外观多为白色、灰色或浅绿色，由于它的纤维柔软，具有绝缘、绝热、隔声、耐高温、耐酸碱和耐腐蚀，不易燃烧等特性，在商业、公共事业和工业设施中的用途约有3000种之多。

石棉的来源主要有，石棉水泥、乙烯基塑胶地板和一些旧住宅内的顶棚，管路的绝热、隔声材料，当这些石棉材料被拆修、切割、重塑时，会有大量细小的石棉纤维飘散在空气中。

在石棉使用过程中，细小的石棉纤维污染空气、水和食物，并通过呼吸道和消化道进入人体。由呼吸道进入的石棉会滞留沉积在肺部，或在胸膜、横隔膜间移动，也可移动到腹膜。

石棉已被国际癌症研究中心确定为人类致癌物，会引起肺癌和肉皮瘤。石棉的毒性和致癌性与其品种、接触浓度和时间有关。细软、表面光滑的温石棉毒性低于青石棉、铁石棉，吸烟对其毒性有增强作用。

因石棉是一种致癌物，往往诱发肺癌、胸癌和腹膜的间皮瘤等，长期吸入石棉尘可导致石棉沉着病，石棉沉着病患者的临床特征是支气管和肺泡壁间质增生、肥厚、纤维化。一般从下肺叶开始，逐渐向上，形成肺的弥漫性间质纤维化。石棉纤维尚可穿透肺组织，引起胸膜增厚、钙化，形成胸膜斑，使病人出现呼吸困难、咳嗽胸痛等症状，并且在痰中可发现长15～150μm 的石棉小体。石棉沉着病患者心血管系统变化的特征是心搏加快，肝功能检查发现大多数患者肝功受损，抗毒素和前凝血酶的形成功能降低。

(十七) 18 种有害物质与有害气体人体危害

18 种有害物质与有害气体人体危害简明对照表

序号	有害物质与有害气体	人体危害表现
1	甲　醛	有致畸、致癌作用。对神经系统、免疫系统、肝脏、肺部和消化道等产生毒害。当室内空气中甲醛含量为 $12mg/m^3$ 时，有异味和不适感；空气中达到 $30mg/m^3$ 时，可当即导致死亡
2	苯	对人体有致癌作用，并对生殖系统和造血系统形成危害。皮肤反复接触能发展为白血病，在长期严重暴露后还会有遗传影响
3	甲　苯	反复暴露情况下如用鼻吸进会使大脑和肾受到永久损害。怀孕期间受到严重暴露，毒性可能会影响胎儿而产生缺陷
4	二甲苯	神经系统会受到损害，还会使肾和肝受到暂时性损伤
5	苯乙烯	反复接触可导致刺激性皮炎及中枢和周围神经功能障碍
6	氨	属于低毒类化合物。减弱人体对疾病的抵抗力，对人体的上呼吸道有刺激和腐蚀作用，严重者会出现肺水肿或呼吸窘迫综合症

续表

序号	有害物质与有害气体	人体危害表现
7	挥发性有机污染物(VOCs)	暴露在高浓度的环境中可导致人体的中枢神经系统、肝、肾和血液中毒，个别过敏者在低浓度下也会有严重反应。目前对它们的毒性及人体危害并没有全面的认识，应尽量以避为主
8	氡	诱发肺癌。对人体内的造血器官、生殖系统、呼吸系统和消化系统造成辐射损伤。引起白血病、不孕不育、胎儿畸形、基因畸形遗传等
9	一氧化碳	对人体有强烈的毒害作用。妨碍机体各组织的输氧功能，造成缺氧症，可发生心悸亢进、虚脱、痉挛而死亡
10	二氧化碳	长时间吸入二氧化碳浓度超过4%(8000mg/m^3)时，会出现头痛等神经症状，浓度达到8%(160000mg/m^3)以上可引起死亡
11	氮氧化物	出现迟发性肺水肿、成人呼吸窘迫综合症。可对中枢神经系统、心血管系统等产生危害作用
12	臭　氧	主要是刺激和损害深部呼吸道，严重时可导致肺气肿和肺水肿。还能阻碍血液输氧功能，造成组织缺氧；使甲状腺功能受损、骨骼钙化，还可引起潜在性的全身影响，如诱发淋巴细胞染色体畸变，损害某些酶的活性和产生溶血反应
13	二氧化硫	危害的器官主要是上呼吸道。会导致气管炎、支气管炎。当用鼻平静呼吸时，实际上不会进入肺内
14	TDI	对呼吸道的刺激性很强，可能引起哮喘性气管炎或支气管哮喘。长期低剂量接触时可能引起肺功能下降
15	酚类物质	可通过皮肤、呼吸道黏膜、口腔等多种途径进入人体，由于渗透性强，可以深入到人体内部组织，刺激骨髓，严重时可导致全身中毒。虽然不是致突变性物质，但却是一种促癌剂
16	环氧树脂	固化的环氧树脂一般无毒，但未被固化的环氧树脂中含有少量未被聚合的单体和添加剂等有毒物质。人体危害以皮肤损害和黏膜刺激为主
17	铅	对人体的大多数系统均有危害，特别是损伤骨髓造血系统、神经系统和肾脏。当铅侵入人体后，约有90%～95%会形成难溶性物质沉积于骨骼中，血液铅含量达到较高水平时(大约80μg/dl)可以引起痉挛、昏迷甚至死亡。慢性铅中毒还可引起高血压和肾脏损伤
18	石　棉	本身并无毒害，它的最大危害来自于它的纤维尘，当这些细小的纤维被吸入体内，就会附着并沉积在肺部，造成肺部疾病，严重时引起肺癌。石棉已被国际癌症研究中心确定为致癌物

(十八) 特别提示：孕期家庭环保指数

根据国家规定，孕妇所处的环境健康指数如下：

序　号	空气中含有的有毒物质	环 境 健 康 指 数
1	游离甲醛	小于 0.08mg/m^3
2	苯	小于 0.09mg/m^3
3	氨　　气	小于 0.2mg/m^3
4	氡　　气	小于 200Bq/m^3
5	放射性 A 类	≤238Gy/h
6	噪　　声	住宅的卧室、起居室(厅)内的允许噪声级昼间应≤50dB，夜间应≤40dB

十四、家居有害物质：物理性污染及颗粒物

（一）室内微小气候

室内微小气候包括温度、湿度、气流等，它们除了直接作用于机体外，还作用于人体周围的生活环境，影响人类的卫生生活条件，从而间接影响人体健康。

温度对人体的热调节起着重要的作用，室内温度过高或过低都会影响机体健康。高温环境可使血液循环加快、血压增高并影响消化液的分泌，造成消化不良、食欲不振。温度过低，血流量减少，皮肤温度降低，机体产热量增加；同时气温对传染病的发生和流行有一定的影响。因此，一般认为室温保持在夏季 24～28℃，冬季 19～22℃ 为宜，昼夜温差不要超过 4～6℃。

湿度对人体的热平衡和温热感有重大作用。室内空气过于干燥可以引起皮肤以及口、鼻、气管黏膜破裂出血，有时甚至造成感染。湿度过大时，夏季则影响体液的蒸发，也是霉菌繁殖的有利条件，还易引起呼吸道和周围神经系统的疾病。因此家庭最好备有湿度计，相对湿度在 35%～50%较为适宜。

气流可以调节室内的温度，室内适宜的风速可以减少室内空气的污染，促进身体健康。夏季空气流动可促使人体散热，冬季会使机体感到寒冷。一般认为夏天风速不小于 0.15m/s，冬天不大于 0.3m/s。

（二）噪声

一般认为凡是不需要的，使人厌烦，并对人类生活和生产有妨碍的声音都是噪声。它不单独取决于声音的物理性质，而且和人类的生活状态有关。例如，在听音乐的时候，除演员和乐队以外的声音都是噪声；而在睡眠的时候，优美的音乐也会变成噪声。

噪声与其他有害物质引起的公害有很大的区别。首先，它没有污染物，即它在空气中传播不会产生有害物质；其次，噪声对环境的影响不持久，没有累积效应，噪声源一旦停止，噪声也就相应地消失。

1. 噪声对人体的危害

一般认为40dB是人类正常的环境声音，高于这个值就有可能会产生一些危害，包括影响睡眠和休息，干扰工作，妨碍谈话，使听力受损，甚至引起心血管系统、神经系统和消化系统等方面的疾病。基本上可以归纳出以下几类：

1) 对身体的生理影响，噪声会引起人体紧张的反应，刺激肾上腺的分泌，引起心率改变和血压上升。噪声可使人的唾液、胃液分泌减少，胃酸降低，从而易引发胃溃疡和十二指肠溃疡。

2) 损伤听力，85dB以下噪声不至于危害听觉，而超过85dB可能对听力造成损伤，但是这种伤害只是暂时的，只要不是长期生活在这种高噪声条件下还是可以恢复的。

3) 对儿童和胎儿的影响，在噪声环境下儿童的智力发育缓慢。有研究表明吵闹环境下，儿童智力发育比安静环境中的低20%。噪声还会对母体产生紧张反应，引起子宫血管收缩，以致影响供给胎儿发育所必需的养料和氧气。

2. 噪声的防范

噪声的防范主要是对分户墙和楼板的隔声采取措施。

1) 空气声的隔绝是遵循“质量定律”，围护结构面密度越大，其隔空气声的效果就越好。因此，在主体结构允许的情况下，宜尽量利用承重墙作为分户墙。如果分户墙属于填充墙，可选用陶粒混凝土或密度大的增强石膏砌块等。同时，应注意墙中的管路与嵌槽，不得出现贯通现象。

2) 对楼板撞击声的干扰，根据我国材料、施工和经济等方面的条件，宜采用浮筑楼面，在承重楼板上铺设弹性垫层，上面做配筋的混凝土楼面层。混凝土楼面层(作为质量)和弹性垫层(类似弹簧)构成一个隔振系统。面层质量越大，垫层弹性越好，则隔声越好。例如，楼板隔声可采取以下构造措施：在楼板上铺设15mm厚玻璃棉(密度为96kg/m^3)，再满铺厚塑料布，浇筑50mm厚中间设钢板网的混凝土垫层。据检测报告，其计权标准化撞击声压级达到54dB。楼板隔声层的综合造价约为38 元/m^2。

（三）光污染

光污染是指对人类生活和生产环境产生不良影响的现象。国际上一般将光污染分成三类，即白亮污染、人工白昼和彩光污染。但科学上认为，光污染主要体现在波长在 100nm～1mm 之间的光辐射，即紫外辐射(UVR)、可见光线及红外线(IR)的潜在危害。

1）白亮污染

指阳光照射强烈时，城市里建筑物的玻璃幕墙、釉面砖墙、磨光大理石和各种涂料等装饰反射光线，明晃白亮、眩眼夺目。

2）人工白昼

指夜幕降临后，商场、酒店上的广告灯、霓虹灯闪烁夺目，使得夜晚如同白天一样。

3）彩光污染

舞厅、夜总会安装的旋转灯、荧光灯以及闪烁的彩色光源构成了彩光污染。长时间在光污染环境下工作和生活的人，视网膜和虹膜都会受到程度不同的损害，白内障的发病率高达 45%。光污染不仅有损人的生理功能，还会影响心理健康。

家居室环境中的光污染，主要体现在灯光直射或过强，或彻夜亮灯睡觉等。一些年轻父母为了夜间照料孩子方便，也通宵明灯。各种灯光可扰乱机体自身的自然平衡，使人体产生一种“光压力”。若长期处于这种压力下，体内的生物和化学系统会发生改变，体温、心跳、脉搏、血压会变得不协调，各种疾病乘虚而入。经常处于光照环境中的新生儿，往往会出现睡眠和营养方面的问题，甚至会刺激儿童性早熟。这是因为接受光照太多，会减少松果体褪黑激素的分泌，减弱对性腺发育的抑制，导致性器官的超前发育，使性早熟不可避免。

- 照度

照度是反映光照强度的一种单位，其物理意义是照射到单位面积上的光通量，照度的单位是每平方米的流明(lm)数，也叫做勒克斯(lx)。

对照度的量的感性的认识，可通过下例来理解。

一只 100W 的白炽灯，其发出的总光通量约为 1200lm，若假定该光通量均匀地分布在一半球面上，则距该光源 1m 和 5m 处的光照度值可分别按下列步骤求得：半径为 1m 的半球面积为 $2\pi\times1^2=6.28m^2$，距光源 1m 处的光照度值为 $1200lm/6.28m^2=191lx$。同理，半径为 5m 的半球面积为 $2\pi\times5^2=157m^2$，距光源 5m 处的光照度值为 $1200lm/157m^2=7.64lx$。

一般情况，夏日阳光下的照度为 100000lx，阴天室外为 10000lx，室内日光灯为 100lx，距 60W 台灯 60cm 桌面为 300lx，电视台演播室为 1000lx，黄昏室内为 10lx，夜间路灯为 0.1lx，烛光（20cm 远处）为10～15lx。

照度参考表

天　　气	照度(lx)	室内场所	照度(lx)
晴　　天	30000～300000	家　　居	10～500
阴　　天	3000	办 公 室	30～50
日出日落	300	餐　　厅	10～30
月　　光	0.03～0.3	走　　廊	5～10
星　　光	0.00002～0.0002	停 车 场	1～5
阴暗夜晚	0.003～0.0007		

(四) 总悬浮颗粒物

TSP 是英文“Total Suspended Particulate”的缩写，其中文含义可译为“总悬浮颗粒物”。它是指悬浮在空气中，空气动力学当量直径不大于 100μm 的颗粒物。它源自烟雾、尘埃、煤灰或冷凝气化物的固体或液态水珠，能长时间悬浮于空气中，包括碳基、硫酸盐及硝酸盐粒子。

总悬浮颗粒物由天然及人为来源产生，包括泥土、车辆废气、工业活动、建筑工程以及气相化学反应。

总悬浮颗粒物可分为一次颗粒物和二次颗粒物。一次颗粒物是由天然污染源和人为污染源释放到大气中直接造成污染的物质，如，风扬起的灰尘，燃烧和工业烟尘。二次颗粒物是通过某些大气化学过程所产生的微粒，如，二氧化硫转化生成硫酸盐。颗粒物的组成复杂，其中的粗颗粒主要是由风沙、灰土及机械粉碎的水泥、石灰等自然因素形成的；细颗粒是人为活动的产物，如燃料未完全燃烧形成的炭粒、污染物在空气中由于光化学反应形成的二次污染物气溶胶(如硫酸盐、硝酸盐、铵盐等)。

（五）特别提示：室内空气污染的 12 种表现

（1）每天清晨起床时，感到憋闷、恶心，甚至头晕目眩。

（2）经常容易患感冒。

（3）虽然不吸烟也很少接触吸烟环境，但是经常感到嗓子不舒服，有异物感，呼吸不畅。

（4）家里小孩常咳嗽，打喷嚏，免疫力下降，新装修的房子孩子不愿意回家。

（5）家人常有皮肤过敏等毛病，而且是群发性的。

（6）家人共有一种疾病，而且离开这个环境后，症状就有明显变化和好转。

（7）新婚夫妇长时间不孕，查不出原因。

（8）孕妇在正常怀孕情况下发现胎儿畸形。

（9）新搬家或者新装修后，室内植物不易成活，叶子容易发黄、枯萎，特别是一些生命力最强的植物也难以正常生长。

（10）新搬家后，家养的宠物猫、狗，甚至热带鱼莫明其妙地死掉，而且邻居家也是这样；

（11）一上班感觉喉疼，呼吸道发干，时间长了头晕，容易疲劳，下班以后就没有问题了。

（12）新的房间或者新买的家具有刺眼、刺鼻等刺激性异味，而且超过一年仍然气味不散。

十五、家居有害物质：生物性污染

（一）生物污染种类及危害

生物污染可分为四类：一是霉菌，它是造成过敏性疾病的最主要原因；二是来自植物的花粉；三是由人体、动物、土壤和植物碎屑携带的细菌和病毒；四是尘螨以及猫、狗和鸟类身上脱落的毛发、皮屑。

空气虽然不是微生物产生和生长的自然环境（因为没有为细菌和其他微生物生长提供所需要的足够水分和可利用形式的养料），但人这一高等动物是一个重要污染源。人体新陈代谢过程中排出的气体，人体皮肤、器官及不洁衣物散发出来的不良气味成为异臭污染的来源。长时间生活在异臭环境里，对人的大脑皮层是一种恶性刺激，会使人恶心、头晕、疲劳和食欲不振。由于人们的生产和生活活动，使得空气中可存在某些微生物，包括一些病原微生物在内，并通过空气引起疾病的传播。室内空气特别在通风不良、人员拥挤的环境中，可有较多的微生物存在。除大气中原有的一些微生物（非致病性的腐生微生物、芽胞杆菌属、无色杆菌属、细球菌属以及一些放线菌、酵母菌和真菌等）外，也可能存在来自人体的某些病原微生物（如结核杆菌、白喉杆菌、溶血性链球菌、金黄色葡萄球菌、脑膜炎球菌、感冒病毒、麻疹病毒等），可能成为空气传播疾病的病原。一般在室内空气中的细菌总数远高于室外空气，不同用途的建筑物室内和不同人口密度的室内，空气中细菌的数量相差很大。室内种植的一些观赏性植物会产生植物纤维、花粉及孢子等，可引起过敏人员发生哮喘、皮疹等。室内饲养的一些宠物的皮屑以及一些细菌、病毒、真菌、芽孢、霉菌等微生物散布在空气中，成为传播疾病的媒介。此外，因空调机内储水且温度适宜，会成为某些细菌、霉菌、病毒的繁殖孳生地。研究发现，空调机中的细菌和真菌可以诱发或加重呼吸系统的过敏性反应而引起哮喘。

（二）室内环境“霉菌”污染

霉菌属于室内空气中的生物性污染，是一种能够在温暖和潮湿环境中迅速繁殖的微生物，其中一些能够引起恶心、呕吐、腹痛等症状，严重的会导致呼吸道及肠道疾病，如哮喘、痢疾等，甚至抑制免疫系统，危及生命。

暴露在霉菌下对任何人都是有害的，尤其对下列人群：婴儿、儿童、老年人、免疫力下降的病人、孕妇、哮喘患者。

1. 霉菌污染的多发地

- 通风条件不好的卫生间和厨房；
- 发生过水浸或漏水的房间；
- 渗水的房屋墙体、地毯和地板下面；
- 空气不流通或潮湿的住所；
- 室内有发霉或潮湿的吊顶、地毯或其他装饰材料。

2. 霉菌污染的抑制

- 保持室内环境清洁，合理选择通风时间，让空气清新干爽；
- 清除能引起真菌滋生的水源或潮湿源头，维修屋内外有渗漏的地方；
- 保持室内相对湿度在60%以下；
- 在厨房和浴室安装抽风扇，将室内废气抽出、排到室外；
- 尽可能拆除已经受到污染的顶棚瓦片和地毯；
- 使用稀释漂白剂清洗真菌污染的表面；
- 使用有效的隔尘网来减少真菌孢子进入空调的通风系统，并定期清洗、消毒空调的过滤网和隔尘网；
- 进行室内环境霉菌测试，了解室内环境霉菌污染的情况。

（三）室内尘螨污染

粉尘螨和屋尘螨属于麦食螨科，它们不仅是储藏物螨类，而且是重要的医学螨类。粉尘螨和屋尘螨不仅危害各种储藏物品，也危害人类安全，是居室的害螨。

尘螨很小，肉眼不易看见，但分布几乎遍及全世界。尘螨是人类过敏性哮喘病的一种过敏源，它的变态反应已被国际公认为全球保健问题之一，因而引起有关方面的重视。在尘螨过敏疾病中，以过敏性哮喘对人的危害最严重。

人们居住的房间有许多大小为0.01～1.0mm的灰尘颗粒，这是由人体脱落的皮屑、棉花短纤维、羊毛短纤维、人造织物短纤维以及尘土和霉菌孢子等组成。这些微小颗粒的灰尘多在地毯、床垫、沙发角等处积聚。每人每周约脱落5g皮屑，这正是粉尘螨的美味佳肴。粉尘螨不仅嗜好人体脱落的皮屑，而且喜欢动物脱落的皮屑，如狗和猫所脱落的皮屑。此外，棉花短纤维及霉菌孢子也是尘螨的食料。在长期使用空调的房间里，由于与自然环境不直接通风，加之温湿度条件适宜，可能会隐藏较多的尘螨，使人们的健康受到影响。

尘螨喜欢栖息于房屋的灰尘中。在1500m^2的房屋中，每年可产生10kg多灰尘，这些灰尘有很多螨。有报道，一只使用了15年的枕头，其重量的1/3为螨类排泄物，在这样的枕头中，每一克灰尘有尘螨1000多只。调查还发现，在200mg毛毯灰尘中有螨114.5只，200mg的床垫灰尘中有螨92.5只，200mg军营地板灰尘中有螨43.9只，200mg居民住宅地板灰尘中有螨17.9只。

对尘螨有过敏反应的人，会出现头痛、眼睛不适、疲劳、心悸等症状。根据最近研究发现，人类的过敏不是由尘螨本身引起的，而是由尘螨的排泄物(粪便)引起的，尘螨排泄物中含有15种不同的蛋白质，正是这些蛋白质与人类的哮喘病有关。春、秋两季，过敏性哮喘发病较多，因为此时尘螨容易生长和繁殖。

(四) 特别提示：关于尘螨

在单一家庭的住宅内，危害最大的过敏源是尘螨。其次才是蟑螂和宠物毛屑等。尘螨是一种隐藏在被单、垫褥或沙发上的微生物，需用显微镜才能看到。

如果家中有大量带有绒毛性质的玩具，一定要多清洗或以稀释了的消毒用品作消毒，因为绒毛玩具当中藏有很多尘螨，是最容易沾染病菌的，加上孩子的飞沫或接触分泌物留于绒毛玩具上时，这些东西就成为理想的细菌蕴藏地。教育孩子正确的洗手程序，除确保个人健康及卫生，也可防止因到处接触致病源而感染疾病。

十六、有害物质与有害气体：限值与标准

（一）污染物浓度限量

1. **中华人民共和国室内空气质量标准** GB/T 18883—2002（2003-03-01 **实施**）

序号	参数类别	参　　数	单　　位	标准值	备　　注
1	物理性	温　　度	℃	22～28	夏季空调
				16～24	冬季采暖
2		相对湿度	%	40～80	夏季空调
				30～60	冬季采暖
3		空气流速	m/s	0.3	夏季空调
				0.2	冬季采暖
4		新 风 量	m^3/(h・人)	30[a]	
5	化学性	二氧化硫 SO_2	mg/m^3	0.50	1小时均值
6		二氧化氮 NO_2	mg/m^3	0.24	1小时均值
7		一氧化碳 CO	mg/m^3	10	1小时均值
8		二氧化碳 CO_2	%	0.10	日平均值
9		氨 NH_3	mg/m^3	0.20	1小时均值
10		臭氧 O_3	mg/m^3	0.16	1小时均值
11		甲醛 HCHO	mg/m^3	0.10	1小时均值
12		苯 C_6H_6	mg/m^3	0.11	1小时均值
13		甲苯 C_7H_8	mg/m^3	0.20	1小时均值
14		二甲苯 C_8H_{10}	mg/m^3	0.20	1小时均值
15		苯并芘	mg/m^3	10	日平均值
16		可吸入颗粒物 PM_{10}	mg/m^3	0.15	日平均值
17		总挥发性有机物 TVOC	mg/m^3	0.60	8小时均值

续表

序号	参数类别	参　　数	单　　位	标准值	备　　注
18	生物性	菌落总数	Cfu/m^3	2500	依据仪器定[b]
19	放射性	氡 Rn	Bq/m^3	400	年平均值（行动水平）[c]

a. 新风量要求≥标准值，除温度、相对湿度外的其他参数要求≤标准值。
b. 见附录 D。
c. 达到此水平建议采取干预行动以降低室内氡浓度。

2. 世界其他国家（组织）室内甲醛浓度限值（最大容许浓度）

国家/组织	限值(mg/m^3)	评　　述
WHO	<0.1	总人群，30 分钟指导限值
丹　麦	0.15	总人群，基于刺激作用的指导限值
德　国	0.12(0.1ppm)	总人群，基于刺激作用的指导限值
芬　兰	0.15～0.30	对老/新(1981 年为界)建筑物指导限值
意大利	0.12(0.1ppm)	暂定指导限值
荷　兰	0.12(0.1ppm)	基于总人数刺激和敏感者的致癌作用，标准值
挪　威	0.06	推荐指导限值
西班牙	0.48(0.4ppm)	仅适用于室内安装脲醛树脂泡沫材料的初期
瑞　典	0.13～0.20	指导限值：室内安装胶合板/补救措施控制水平
瑞　士	0.24(0.2ppm)	指导限值
美　国	0.486	联邦目标环境水平
日　本	0.12(0.1ppm)	室内空气质量标准
新西兰	0.12(0.1ppm)	室内空气质量标准

（二）有害物质限量国家标准

1. 聚氯乙烯卷材地板中有害物质限量

挥发性有机化合物的限量　　（单位为 g/m^2）

发泡类卷材地板中挥发物的限量		非发泡类卷材地板中挥发物的限量	
玻璃纤维基材	其他基材	玻璃纤维基材	其他基材
≤75	≤35	≤40	≤10

2. 木家具中有害物质限量

项目		限量值
甲醛释放量 mg/L		≤1.5
重金属含量(限色漆)mg/kg	可溶性铅	≤90
	可溶性镉	≤75
	可溶性铬	≤60
	可溶性汞	≤60

3. 人造板及其制品中甲醛释放限量

产品名称	试验方法	限量值	使用范围	限量标志
中密度纤维板、高密度纤维板、刨花板、定向刨花板等	穿孔萃取法	≤9mg/100g	可直接用于室内	E1
		≤30mg/100g	必须饰面处理后可允许用于室内	E2
胶合板、装饰单板贴面胶合板、细木工板等	干燥器法	≤1.5mg/L	可直接用于室内	E1
		≤5.0mg/L	必须饰面处理后可允许用于室内	E2
饰面人造板(包括浸渍纸层压木质地板、实木复合地板、竹地板、浸渍胶膜纸饰面人造板等)	气候箱法	≤0.12mg/m^3	可直接用于室内	E1
	干燥器法	≤1.5mg/L		

4. 内墙涂料中有害物质限量

项目		限量值
挥发性有机化合物(VOC)(g/L)		≤200
重金属(mg/kg)	可溶性铅	≤90
	可溶性镉	≤75
	可溶性铬	≤60
	可溶性汞	≤60

5. 溶剂型木器涂料中有害物质限量

项目		限量值		
		硝基漆类	聚氨酯漆类	醇酸漆类
挥发性有机化合物(VOC)，a(g/L)≤		750	光泽(60°)≥80，600 光泽(60°)<80，700	550
苯，b(%)≤		0.5		
甲苯和二甲苯总和 b(%)≤		45	40	10
游离甲苯二异氰酸酯(TDI)c(%)≤		—	0.7	—
重金属(限色漆)(mg/kg)≤	可溶性铅	90		
	可溶性镉	75		
	可溶性铬	60		
	可溶性汞	60		

6. 胶粘剂中有害物质限量

A. 溶剂型胶粘剂中有害物质限量值

项目	指标		
	橡胶胶粘剂	聚氨酯类胶粘剂	其他胶粘剂
游离甲醛(g/kg)≤	0.5	—	—
苯(g/kg)≤	5		
甲苯和二甲苯(g/kg)≤	200		
甲苯二异氰酸酯(g/kg)≤	—	10	—
总挥发性有机物(g/L)≤	750		

注：苯不能作为溶剂使用，作为杂质其最高含量不得大于表中的规定。

B. 水基型胶粘剂中有害物质限量值

项目	指标				
	缩甲醛类胶粘剂	聚乙酸乙烯酯胶粘剂	橡胶类胶粘剂	聚氨酯类胶粘剂	其他胶粘剂
游离甲醛(g/kg)≤	1	1	1	—	1
苯(g/kg)≤	0.2				
甲苯+二甲苯(g/kg)≤	10				
总挥发性有机物(g/L)≤	50				

7. 混凝土外加剂中释放氨的限量

混凝土外加剂中释放氨的量≤0.10%(质量分数)。

8. 壁纸中有害物质限量

有害物质名称		限量值
重金属(或其他)元素	钡	≤1000
	镉	≤25
	铬	≤60
	铅	≤90
	砷	≤8
	汞	≤20
	硒	≤165
	锑	≤20
	氯乙烯单体	≤1.0
	甲醛	≤120

9. 地毯、地毯衬垫及地毯胶粘剂有害物质释放限量

A. 地毯有害物质释放限量(单位为 mg/m² · h)

序号	有害物质测试项目	限量	
		A级	B级
1	总挥发性有机化合物(TVOC)	≤0.500	≤0.600
2	甲醛	≤0.050	≤0.050
3	苯乙烯	≤0.400	≤0.500
4	4-苯基环己烯	≤0.050	≤0.050

B. 地毯衬垫有害物质释放限量(单位为 mg/m² · h)

序号	有害物质测试项目	限量	
		A级	B级
1	总挥发性有机化合物(TVOC)	≤1.000	≤1.200
2	甲醛	≤0.050	≤0.050
3	丁基羟基甲苯	≤0.030	≤0.030
4	4-苯基环己烯	≤0.050	≤0.050

C. 地毯胶粘剂有害物质释放限量(单位为 mg/m² · h)

序　号	有害物质测试项目	限　量	
		A　级	B　级
1	总挥发性有机化合物(TVOC)	≤10.000	≤12.000
2	甲醛	≤0.050	≤0.050
3	2-乙基己醇	≤0.050	≤3.500

10. **筑材料放射性核素释放限量**

氡的含量一级、二级：100Bq；三级：200Bq。

(三)有害气体及有害物质的释放期

目前，国际上对室内有害气体及有害物质的释放期，都还没有一个明确的研究结论。只是根据日本的研究表明，室内甲醛的释放期为3～15年，苯系物的释放期在6个月到1年间，但这种笼统而没有规定条件的提法含糊不清，并不科学，既没有什么实用价值，也容易产生误导，进而对有害气体及有害物质污染产生错误的认识。

装修中出现的有害气体及有害物质污染是不可避免，但却是可以减少和减轻的；我们应关心有害气体及有害物质的国家标准，至于有害气体及有害物质释放期的理论值，是没有什么实用价值的。

经验与统计说明，室内装修的污染大致可用一组单峰不对称曲线来表征，即在装修时，有害气体及有害物质的浓度升高相当快，一旦施工完后，污染水平下降也相当快，如果装修是合理的、环保的，并经常通风换气，室内有害气体及有害物质的污染，特别是甲醛一般可以在20天左右下降至允许水平。之后，污染物会继续释放，时间拖得较长，但这对我们已经不重要了。然而，如果装修是不当的，虽然在装修停工后，有害气体及有害物质的浓度下降也很快，但要降到允许标准，却需要数月乃至数年，而且在这之后，污染物的继续释放也需要一段较长时间。

装修时，有害气体及有害物质的超标率在90%，甚至以上，而在装修完后，在常通风换气的情况下，20天左右有害气体及有害物质的浓度达到允许水平的也有90%以上。余下的百分之几到百分之十，大多是属于不当装修导致的。例如，用劣制大芯板做木地板的衬垫；过量地使用同一种材料，如采用人造板做吊顶、壁橱或柜子等；或购置的家具采用非环保人造板材和胶粘剂制作；或使用超量的易产生甲醛的材料，如各种胶粘剂和中密度板、刨花板、大芯板等合成板材。

此外，重要的一点是，有害气体及有害物质释放时间的长短或释放期同其所处条件密切相关，如浓度、质量优劣、密闭性、深度、湿度、温度、气压、风力、要求标准、所处位置的物质密度，以及附加的外力等。因此，有害气体及有害物质的释放期(到允许标准)，可以是数十天，也可能是数年或更长，应视条件而定。

室内有害物质的释放期与具体环境特点有关，无法确定准确时间。
(图片提供:Cap Julucahotel)

(四) 室内环境相关的标准规范及计量认证范围

1. 我国已颁布的与室内环境有关的规范和标准

《室内装饰装修材料人造板及其制品中甲醛释放限量》(GB 18680—2001)

《室内装饰装修材料溶剂型木器涂料中有害物质限量》(GB 18681—2001)

《室内装饰装修材料内墙涂料中有害物质限量》(GB 18682—2001)

《室内装饰装修材料胶粘剂中有害物质限量》(GB 18683—2001)

《室内装饰装修材料木家具中有害物质限量》(GB 18684—2001)

《室内装饰装修材料壁纸中有害物质限量》(GB 18685—2001)

《室内装饰装修材料聚氯乙烯卷材地板中有害物质限量》(GB 18686—2001)

《室内装饰装修材料地毯、地毯衬垫及地毯用胶粘剂中有害物质释放限量》(GB 18687—2001)

《建筑材料放射性核素限量》(6566—2001)

《室内空气中苯卫生标准》(WS/T 182—1999)

《建筑材料放射卫生防护标准》(GB 6566—2000)

《居室空气中甲醛的卫生标准》(GB/T 16127—1995)

《住房内氡浓度控制标准》(GB/T 16146—1995)

《室内空气中细菌总数卫生标准》(GB/T 17093—1997)
《室内空气中二氧化碳卫生标准》(GB/T 17094—1997)
《室内空气中可吸入颗粒物卫生标准》(GB/T 17095—1997)
《室内空气中氮氧化物卫生标准》(GB/T 17096—1997)
《室内空气中二氧化硫卫生标准》(GB/T 17097—1997)
《室内空气中臭氧卫生标准》(GB/T 18202—2000)
《室内空气中溶血性链球菌卫生标准》(GB/T 18203—2000)
《天然石材产品放射防护分类控制标准》(JC 518—1993)
《地下建筑氡及其子体控制标准》(GB 16536—1996)
《公共场所卫生标准》(GB 9663—9673—1996)
《中小学校教室换气卫生标准》(GB/T 17226—1998)
《室内空气质量卫生规范》
《木制板材中甲醛的卫生规范》
《室内用涂料卫生规范》

2. 室内环境相关的标准规范计量认证范围

序　号	项目名称	依据的标准名称、代号（含年号）	限制范围或说明
一	产品		
1	家庭装饰工程质量	《家庭装饰工程质量规范》QB/T 6016—1997	
二	参数		
1	氡	《民用建筑工程室内环境污染控制规范》GB 50325—2001 《室内空气质量标准》GB/T 18883—2002 《空气中氡浓度的闪烁瓶测量方法》GB/T 16147—1995 《环境空气中氡的标准测量方法》GB/T 14582—1993	
2	甲醛	《民用建筑工程室内环境污染控制规范》GB 50325—2001 《室内空气质量标准》GB/T 18883—2002 《公共场所空气中甲醛测定方法》GB/T 18204.26—2000 《居住区大气中甲醛卫生检验标准方法 分光光度法》GB/T 16129—1995	

续表

序号	项目名称	依据的标准名称、代号（含年号）	限制范围或说明
3	苯、甲苯、二甲苯	《民用建筑工程室内环境污染控制规范》 GB 50325—2001 《室内空气质量标准》 GB/T 18883—2002 《居住区大气中苯、甲苯和二甲苯卫生检验标准方法　气相色谱法》 GB 11737—1989	
4	氨	《民用建筑工程室内环境污染控制规范》 GB 50325—2001 《室内空气质量标准》 GB/T 18883—2002 《公共场所空气中氨测定方法》 GB/T 18204.25—2000	
5	总挥发性有机化合物 TVOC	《民用建筑工程室内环境污染控制规范》 GB 50325—2001 附录 E 《室内空气质量标准》 GB/T 18883—2002 附录 C	
6	二氧化硫	《室内空气质量标准》 GB/T 18883—2002 《居住区大气中二氧化硫卫生检验标准方法　甲醛溶液吸收—盐酸副玫瑰苯胺分光光度法》 GB/T 16128—1995	
7	二氧化氮	《室内空气质量标准》 GB/T 18883—2002 《环境空气中二氧化氮的测定》 GB/T 15435—1995	
8	一氧化碳	《室内空气质量标准》 GB/T 18883—2002 《公共场所空气中一氧化碳测定方法》 GB/T 18204.23—2000	
9	二氧化碳	《室内空气质量标准》 GB/T 18883—2002 《公共场所空气中二氧化碳测定方法》 GB/T 18204.24—2000	
10	臭　氧	《室内空气质量标准》 GB/T 18883—2002 《公共场所空气中臭氧测定方法》 GB/T 18204.27—2000	
11	可吸入颗粒物 PM10	《室内空气质量标准》 GB/T 18883—2002 《公共场所空气中可吸入颗粒物(PM10)测定方法　光散射法》 WS/T 206—2001	

续表

序　号	项 目 名 称	依据的标准名称、代号（含年号）	限制范围或说明
12	菌落总数	《室内空气质量标准》 GB/T 18883—2002 附录 D	
13	温　　度	《室内空气质量标准》 GB/T 18883—2002 《公共场所空气温度测定方法》 GB/T 18204.13—2000	
14	相对湿度	《室内空气质量标准》 GB/T 18883—2002 《公共场所空气湿度的测定方法》 GB/T 18204.14—2000	
15	空气流速	《室内空气质量标准》 GB/T 18883—2002 《公共场所风速测定方法》 GB/T 18204.15—2000	
16	新 风 量	《室内空气质量标准》 GB/T 18883—2002 《公共场所室内新风量测定方法》 GB/T 18204.18—2000	
17	电磁波辐射强度	《环境电磁波卫生标准》 GB 9175—1988 《作业场所工频电场卫生标准》 GB 16203—1996	
18	噪　　声	《城市区域噪声标准》 GB/T 3096—1993 《城市区域环境噪声测量方法》 GB/T 14623—1993 《公共场所噪声测定方法》 GB/T 18204.22—2000 《工业企业厂界噪声标准》 GB 12348—1990 《工业企业厂界噪声测量方法》 GB 12349—1990	
19	净化效率	《空气净化器》 GB/T 18801—2002	
20	照明照度	《建筑照明设计标准》 GB 50034—2004 《公共场所照度测定方法》 GB/T 18204.21—2000	

续表

序　号	项 目 名 称	依据的标准名称、代号（含年号）	限制范围或说明
21	挥发性有机化合物 VOC	《室内装饰装修材料 溶剂型木器涂料中有害物质限量》 GB 18581—2001 《室内装饰装修材料 内墙涂料中有害物质限量》 GB 18582—2001 附录 A 《室内装饰装修材料 胶粘剂中有害物质限量》 GB 18583—2001 附录 E	
22	挥 发 物	《室内装饰装修材料 聚氯乙烯卷材地板中有害物质限量》 GB 18586—2001	
23	苯、甲苯、二甲苯	《室内装饰装修材料 溶剂型木器涂料中有害物质限量》 GB 18581—2001 附录 A 《室内装饰装修材料 胶粘剂中有害物质限量》 GB 18583—2001 附录 B、附录 C	
24	甲　　醛	《室内装饰装修材料 人造板及其制品中甲醛释放限量》 GB 18580—2001 《室内装饰装修材料 内墙涂料中有害物质限量》 GB 18582—2001 附录 B 《室内装饰装修材料 胶粘剂中有害物质限量》 GB 18583—2001 附录 A 《室内装饰装修材料 木家具中有害物质限量》GB 18584—2001 《室内装饰装修材料 壁纸中有害物质限量》GB 18585—2001 《室内装饰装修材料 地毯、地毯衬垫及地毯胶粘剂中有害物质释放限量》 GB 18587—2001 附录 A 《国家纺织产品基本安全技术规范》 GB 18401—2003 《纺织品 甲醛的测定 第 1 部分：游离水解的甲醛(水萃取法)》 GB/T 2912.1—1998 《纺织品 甲醛的测定 第 2 部分：释放甲醛(蒸气吸收法)》 GB/T 2912.2—1998	

续表

序　号	项目名称	依据的标准名称、代号（含年号）	限制范围或说明
25	氨	《混凝土外加剂中释放氨的限量》GB 18588—2001 附录 A	
26	恶　臭	《空气质量 恶臭的测定 三点比较式臭袋法》GB/T 14675—1993	
27	pH 值	《国家纺织产品基本安全技术规范》GB 18401—2003 《纺织品 水萃取液 pH 值的测定》GB/T 7573	
28	异　味	《国家纺织产品基本安全技术规范》GB 18401—2003	

（五）室内环境污染控制三大标准的区别

室内环境污染控制的三大标准是《室内空气质量标准》、《民用建筑室内环境污染控制规范》和《室内装饰装修材料有害物质限量》三部标准，它们构成了完整的室内环境污染控制和评价体系，为广大消费者解决室内污染难题提供了有力的依据。

1. 三大标准之间的区别在于：

《民用建筑工程室内环境污染控制规范》，开发商按此标准验收合格的产品就是合格产品；《室内空气质量标准》针对业主入住后的生活、工作环境所进行的检测标准；《室内装饰装修材料有害物质限量》控制的是室内装饰装修材料中的有害物质。

2. 室内环境污染控制各标准的不同看点在于：

1）标准的性质不同

《民用建筑工程室内环境污染控制规范》和《室内装饰装修材料有害物质限量》是国家的强制性标准，必须强制执行；《室内空气质量标准》是国家的推荐性标准，是非强制的法律法规，只有合同双方当事人在协议中约定要求达到标准时才具有强制性作用。另外，根据《合同法》，当事人对产品质量有争议的，如果国家有强制性标准的依国家标准，如果国家没有强制性标准的依国家推荐性标准。

2）控制时段和对象不同

《室内空气质量标准》控制的是人们在正常活动情况下的室内环境质

量；《民用建筑工程室内环境污染控制规范》控制的是新建、扩建和改建的民用建筑装饰工程室内环境质量；《室内装饰装修材料有害物质限量》标准控制的是造成室内环境污染的室内装饰装修材料中的有害物质。

3）控制污染的项目不同

《室内空气质量标准》对室内空气中的物理性、化学性、生物性和放射性指标进行全面控制；《民用建筑工程室内环境污染控制规范》主要对氡、游离甲醛、苯、氨、总挥发性有机物 5 项污染物指标的浓度限制；《室内装饰装修材料有害物质限量》控制十种室内装饰装修材料有害物质限量。

4）控制对象不同，检测条件不同

《室内空气质量标准》是要求评价在人们正常活动情况下室内空气质量对人体健康的影响，要求日平均值，至少监测一日，每日早晨和傍晚采样，早晨不开窗通风。《民用建筑工程室内环境污染控制规范》则规定对采用自然通风的民用建筑工程，检测应在通风后门窗关闭 1 小时后进行。

（六）特别提示：装修污染中的气味、通风、植物

1. 污染与气味

造成室内污染的主要有毒有害气体，一般超标严重到 4 倍以上才会使人感觉到，因此凭气味来判断污染是不准确的。

2. 污染与通风透气

通风有助于甲醛、苯等有害物质的释放，但短时间内（半个月甚至半年），都不能使有害物质完全挥发干净，只是有助于加快其进程，并使其维持在允许值以内。因为甲醛的释放期理论值在 5 年以上，最长的长达 15 年，苯系物的释放期也在 6 个月到 1 年间。

室内有害气体超标 4 倍以上时，可以凭气味感觉出来。

3. 污染与绿色植物

吊兰、芦荟等植物会对不同的有害气体有一定的吸附和分解作用，但实际上吸附分解量十分有限，对于装修量大的居室来说，其效果几乎可以忽略不计。

十七、家居环保的措施与方法

（一）环保的客观认识

1. 环保家装

环保建材和环保工艺并不等于环保家居。
（图片提供：黄喜雨）

对于家装来说，环保只能是有限的环保，而没有绝对的环保。我们所说的环保家装就是要将有害物质降到最低程度，使它不对人体产生危害。

因此，环保家装是指装饰装修后的室内空气指标，如甲醛、苯以及总挥发性有机化合物（TVOC）等含量符合或优于国家规定的各项环保检测标准。

环保装修因为采用环保建材和工艺，必然会使装修价格提高，但并非不能承受，而且一定会物超所值。

2. 环保家装标准

环保家装有标准。建设部颁布了《民用建筑工程室内环境污染控制规范》（GB 50325—2001），国家质量监督检验检疫总局颁布了《室内装饰装修材料有害物质限量》国家标准。

3. 无毒无害的环保材料

没有完全无毒无害的环保材料，装饰材料中，或多或少都含有对人体有害的化学物质，如果装饰材料中的有害物质被密封在材料当中，不散发到室内空气中去，一般就不会对人体造成伤害。所以应该注意的是装饰材料中有害物质的空气释放量。

市场上的环保装饰材料不是没有有害物质，而是这种物质的含量或释放量要低于国家标准。如果正常使用，或使用量较小，环保材料确实比一般材料更加安全。但如果使用不当或者超标使用，环保材料同样会污染室内空气，从而影响人体健康。

4. 环保建材和环保工艺不等于环保家居

采用环保工艺和检测达标的装饰材料不等于环保家居。因为一方面环保建材虽然材料本身达标，工艺可靠，但容易出现叠加效应，使用不当或者超标使用，同样会使室内空气污染物超标。另一方面环保家装仅仅是环保家居的一个部分。

(二) 预评价：家装方案的环保性

室内环境空气质量预评价就是在装修前根据室内装修设计方案和整个居室的承载度，对最大限度能够使用的各种材料的数量做出预算，事先知道装修后室内空气的质量是否会有污染。室内环境预评价起到了防患于未然的作用，在装修前，就采取措施避免使用不恰当的设计方案、建筑材料和施工工艺，来确保装修工程完成后有一个质量良好的室内环境。

室内环境空气质量预评价程序主要包括：工程分析、物料计算、建筑材料、有毒有害气体释放量的测定、有毒有害气体的定量计算、对策措施建议、评价结论。

如果业主已确定了建筑材料，还应进行建筑材料评价与测试。

(三) 确认装饰材料的环保性

1. 主要危害因素分析

通常在建筑物本底浓度下不形成室内空气污染情况下，造成室内环境空气污染的因素是室内装饰材料释放出有毒有害气体，要做到真正的家装环保，只有保证所有装饰材料达到国家规定的环保指标(或更高的环保标准)，才是解决问题的根本途径。因此，依据工程设计方案，确定使用的各种建筑材料种类，即可确定该工程中的主要危害因素。

2. 评价单元的划分

① 建筑材料使用量的定量计算；

② 有毒有害气体总量控制的定量计算；

③ 定量计算的评价结果。

3. 措施建议

根据评价结果，针对该室内装修工程设计方案存在的不合理性提出建设性意见，改善设计方案，以保证工程建成后具有良好的室内环境空气质量。

对策措施建议内容包括以下几方面。

① 室内微小气候条件。

② 建筑装饰材料的选择。

③ 工程设计方案的完善。

其中室内微小气候包括温度、相对湿度、气流风速等，它们除了直接作用于机体外，还作用于人体周围的生活环境，影响室内环境空气质量。因此，进行建筑物的室内微小气候条件分析，是保证良好的室内环境空气质量的重要一环。

(四) 选择合适的施工工艺及施工日期

施工很重要，施工的不规范和不标准对装修后的空气质量有至关重要的影响，如对木制品内外面不做封漆处理，外沿不做收口处理，施工中不保持通风换气等，都可导致或加重空气污染。

在施工时，要选用无毒、少毒、无污染、少污染的施工工艺，特别是一些已经被实践证明容易造成室内环境污染的施工工艺，一定不要使用。加强施工现场的管理，降低施工中粉尘、噪声、废气、废水对环境的污染和破坏。

(五) 环保检测：机构、程序与费用

1. 环保检测的机构

环保检测有建筑材料、装饰材料环保性能的检测认可和室内环境污染程度的检测两种。建筑材料、装饰材料环保性能的检测认可机构要求较高，而且通常仅可对指定的某一大类材料进行检测。而室内环境污染程度的检测机构则较多，检测手段和方法也较杂，尚不规范，更多的是属于商业行为。

北京地区通过计量认证或国家实验室认可，能按规定标准进行检测的机构及业务范围，见下表。

装饰材料环保性能检测机构一览

序　号	检 测 单 位	检 测 范 围
1	国家人造板质量监督检验中心	人造板及其制品
2	国家建筑工程质量监督检验中心	建筑材料放射性核素
3	国家建筑材料测试中心	人造板及其制品，溶剂木器涂料，内墙涂料，胶粘剂，木家具，壁纸，聚氯乙烯卷材地板，地毯、地毯衬垫、地毯胶粘剂，混凝土外加剂，建筑材料放射性核素
4	中非人工晶体研究院检验测试中心	建筑材料放射性核素
5	北京市建筑材料质量监督检验站	内墙涂料，胶粘剂，混凝土外加剂
6	北京市木材家具质量监督检验站	人造板及其制品，木家具

2. 室内环境检测程序

室内环境污染检测通常是在整个装修工程全部完工后进行，因其目前尚属规范性较差的商业行为，各检测机构技术设备及方法不尽相同，结果亦会有出入，建议请当地装饰协会的室内环境监测中心或大的正规测试中心为佳。申请室内环境污染检测的步骤如下：

1）电话咨询

2）确定检测方案

3）确定检测费用

4）商定检测的具体时间

5）技术人员上门检测、取样

6）三个工作日内寄出检测报告

7）室内空气污染严重者提供治理意见和建议

8）单位检测后如需治理，提供治理方案报告

3. 室内环境污染的检测选点与检测费用

1）检测选点要求

采样点的数量根据被检测室内面积的大小和现场情况而确定，以期能正确反映室内空气污染物的水平。原则上小于 $50m^2$ 的房间应设 1～3 个点；50～$100m^2$ 设 3～5 个点；$100m^2$ 以上至少设 5 个点。在对角线上或呈梅花式均匀分布。

采样点应避开风口，离墙距离应大于0.5m。

采样点的高度原则上与人的呼吸带高度相一致。相对高度在0.5～1.5m之间。采样前关闭门窗12～24h。

2）检测费用

室内环境常检项目收费标准(检测依据标准号 GB/T 18883—2002)

序号	参数类别	参　　数	单　位	标 准 值	收费标准
1	化学性	甲醛 HCHO	mg/m^3	0.10	300元/项 3个点
2		氨 NH_3	mg/m^3	0.20	300元/项 3个点
3		苯 C_6H_6	mg/m^3	0.11	300元/项 3个点
4		总挥发性有机物 TVOC	mg/m^3	0.60	300元/项 1个点
5	放射性	氡 ^{222}Rn	Bq/m^3	400	300元/项 1个点
6		石材放射性	cpm	A类	300元/项 2个点
7	噪　声	噪声	LAeq：dB	根据区域设定	300元/项 1个点

4. 室内空气污染检测规定的检测条件

对于室内空气质量检测，除了要找有资质的检测机构外，对最重要的检测过程中一些直接影响检测结果的重要细节也必须了解。任何检测都是有严格的检测条件的，没有标明检测条件的检测报告不过是废纸一张。

1）检测应安排在装饰、装修彻底完工至少7天以后进行。很多人都认为刚装修完立即检测最好，但实际上油漆、涂料的保养期一般为7天，7天之内正是挥发各种污染物浓度最高的时候，7天之后基本能降低到稳定状态，这时才是检测的最佳时间。

2）室内空气污染物浓度与对外门窗关闭时间密切相关，对外门窗关闭时间越长，室内污染物浓度越高。氡的检测应在对外门窗关闭24小时以后进行，其他4项污染物都规定在充分通风后，关闭对外门窗1小时后进行。这是考虑了污染物的积累过程和人体正常工作生活的实际情况规定的。另外，采用集中空调的建筑工程应在空调正常运转的情况下取样检测。

3）国家标准规定的污染物浓度限量(除氡外)都是除去室外空气空白后的限量值，意思是说，需要测量室内污染物含量和室外污染物含量，二者相减才是由于室内建筑装饰材料引起的污染物含量。因为室外空气污染不是建筑装饰单位能控制的，特别是一栋楼里同时有许多住户在装修，楼房周围的小环境空气污染已达一定程度，测量室外空气污染物含量对判定室内空气质量尤为重要。一些不规范的检测单位往往忽略此项，根本不进行室外测量，应注意监督。

4）现阶段，国家标准除允许氡、甲醛可以采用现场便携式仪器检测外，其他的氨、苯、总挥发性有机物3项规定要现场取样后到实验室测量。国家标准对现场便携式仪器规定了严格的技术条件，检测单位的仪器是否符合要求对普通消费者来说是很难判定的，最简单的办法就是要求检测单位对所用仪器出示由计量部门出具的(校准)合格证书。

5）重视居住环境质量是好事，但还需理智消费，毕竟空气质量检测费对个人是一份额外负担。消费者应该清楚检测的目的是什么，如为了解决纠纷，一定要找有资质的检测单位，房间里不能有任何外购家具，要严格执行以上提到的检测外部条件；如仅想了解自己的居住情况，要分析家里所用装饰材料和可能产生污染物的种类。目前各地超标较严重的是甲醛、苯、总挥发性有机物，可以有选择地选取一些检测项目，没必要追求“全”。

5．常见室内环境污染防治用品

目前市场上各种室内环境污染防治用品较多，常见的有以下几种。

1）甲醛强力清除剂

用于装修过程中尚未油漆的板材。它是根据天然植物成分对甲醛的强力清除作用研制而成的，是继普通类去除甲醛用品之后的强力新型绿色环保产品。

2）甲醛清除剂(家具型)

用于已经油漆的家具。可很好地去除家具表面及人造板材制作的其他装修物(木门、木墙围、暖气罩等)产生的甲醛污染，同时对其表面进行养护处理。对家具表面无任何损伤。

3）除甲醛家具地板护理蜡

在除去甲醛的同时，对家具地板及人造板表面的划痕有很好的修复作用。使家具光亮如新。

4）苯、氡快速检测管

消费者仅需花几十元就可自己动手科学、准确地检测居室污染。

（六）室内通风、对流与日照

1. 居室通风

室内通风可以保持室内空气新鲜。同时，也使得污染物的浓度降低，减少对人体的危害。如果室内通风不良，室内空气难以保持新鲜，使氧的含量下降，而且，室内因家人呼吸、咳嗽、排汗等造成人体自身污染，加之炉具、烹饪、热水器等可散发诸多有害物质，久居易使人出现恶心、头晕、疲劳等症状。

增加室内换气频度是减轻污染的关键性措施。首先要求建筑有较理想的外部风环境。其次，建筑应面向夏季主导风向，平面布局优先考虑采用错列式或斜列式布置，连排式住宅的主导风向投射角不宜大于45°。建筑进深一般以小于14m为宜，便于组织穿堂风。房间的自然进风设计应使窗扇的开启朝向和开启方式有利于向房间导入室外风。房间的自然排风设计应能保证常开的房门、户门、外窗、专用通风口等直接或间接地向室外顺畅地排风。一般家庭在春、夏、秋季，都应留通风口或经常开“小窗户”；冬季每天至少早、午、晚开窗10分钟左右。如果使用化学剂，应开窗，用后不可马上关窗，至少应开窗换气半小时。

在过去，住宅冬寒夏暑被认为是当然的，也就是说当时室内和室外的通气性能很好，即使室内出现有害化学物质，也会很快排除出去，因此住户不会受到高浓度污染的危害。但是现代住宅从节能与私生活保密的观点出发，封闭性越来越强，有害化学物质也变得越来越难以排除，特别是新装修的房子，有的地方污染物浓度可达到室外的20多倍。

以前的住宅换气次数为2～3次/h，但是在以节能为目的的高密封、高隔热住宅中，如果没有换气设备，换气次数只有0.1～0.2次/h。

人类每天摄取的空气量为10m^3，在人类呼出的气体中，二氧化碳占4%～5%，一间房子中要使二氧化碳的浓度限制在2000ppm以下，那么对于一个人均使用面积为10m^{2}的房子来说，则必须1小时换气3次。即使不考虑别的任何气态污染物，仅二氧化碳的浓度就可超过室内空气中二氧化碳最高允许值的3～4倍，使人们感到不适，因此保持居室场所的通风换气是必须的。

室内新风量标准取自《室内空气质量标准》（GB/T 18883—2002）。换气次数标准，乃根据新风量标准值推算而来，以居室净高大于 2.5m，人均居住面积 $15m^2$ 计算，相当于人均占有新风量 $37.5m^3/h$。

室内通风取决于新风量的大小，新风量系指室内补给的新鲜空气量。新风量主要根据人体的生理需要确定，如要保证 CO_2 的浓度达到标准要求的 0.1%，则必须保证新风量为 $30m^3/(h·人)$，此外还要考虑稀释室内其他污染物的需要。

使用新风的目的主要有：

1）提供呼吸所需要的空气；

2）稀释气味；

3）除去过量的湿气；

4）稀释室内污染物；

5）提供燃烧所需空气；

6）调节室温。

2. 日照与采光

1）日照

日照可以改善室内采光条件，影响室内温度，阳光中的紫外线还可以杀灭空气中的许多细菌和病毒，在室内接受日照可增强人体免疫作用和预防佝偻病发生。

居室日照标准是衡量居室环境质量水平的一项重要指标。获得充足的日照，有利于居住者，尤其是行动不便的老、弱、病、残者及婴儿的身心健康，保证居室卫生，改善居室小气候，提高舒适度。

居室环保日照标准取自《城市居住区规划设计规范》GB 50180—2002，属强制性执行标准。

居室日照标准是保障居住者能享受最低限度的日照。它已考虑我国人多地少的实际困难，因此必须严格执行，切不可为追求眼前的经济效益而牺牲居住者的长期环境效益。

2）采光

居室外窗的设置应充分利用天然光资源，为居住者提供一个满足生理、心理、卫生要求的居住环境。因天然光随季节、时间、气候而变化，国际上通常以“采光系数”作为采光标准。居室的最低采光系数应符合下列 3 项假定条件：

① 即 70% 以上的人数认为房间是“明亮”的；

② 若进一步提高采光系数，则回答“明亮”的人数不再有明显的增加；

③ 认为房间“不够明亮”的人数比例应少于 10%。

我国《住宅设计规范》(GB 50096—2003)规定的采光系数为 1%，其对应的住宅居住空间的窗地面积比则为 1/7。考虑到有阳台及前排建筑物的遮挡，窗地面积比可适当增大。但不是越大越好，既要满足采光率，也要考虑到节能。

住宅室内采光标准取自《住宅设计规范》(GB 50096—2003)，属强制性执行标准。

(七) 室内换气(机械换气)

清新、流通的空气，能维护我们的身体健康。如果你觉得自家的空气品质有待改善，可以选择机械换气。

20 世纪 70 年代以前，我国的住宅层高通常有 3m 左右，按照热气上升，冷气下降的原理，自然形成上下对流的作用，所以当时采用自然通风，也感觉舒适。自从住宅商品化以来，2.6m 层高就成为住宅的通用建筑标准。因为层高矮，热气都聚集在头部附近，必须依赖机械通风(空气清净机、通风换气扇、空调机等)来解决空气质量和室温的不适。

1. 空气清净机

空气清净机能够过滤空气中的过敏源及灰尘，是改善居家空气品质的专业帮手，不过要注意的是，滤网部分至少三个月就必须更换一次，否则清净不成，反倒成为家中最大的污染来源。

2. 通风换气扇

有时候家中某些房间的空气品质差，是由于错误的隔间导致通风不良，或本身的机能如厨房、浴室等，使空气容易阻塞、潮湿；此时只要加装通风扇等设备，就能有效地让闷热的空气外流，加速水汽的散发，达到通风散热的效果。开动通风换气扇是最廉价而有效的取氧方法，用通风换气扇可以抽入大量空气(即氧气)，比空调甚至制氧机抽入的氧气要多得多。

3. **空调机**

时至今日，人们已养成一种习惯，视空调为家居必需品，无空调不欢。但是空调喷出的热气会令周围的环境酷热，于是又更需要空调，容易形成一个恶性循环。通常分体式空调大部分是没有新风开关的(EXHAUST FAN)，也就是说，关窗开空调就呼吸不到新鲜空气，空调只是把室内的空气循环冷却，如果在一个 $12m^2$ 的房间，两个人一晚上就能将房间的氧气吸去一半，这时房内就充满氮气和更危险的二氧化碳，细胞长期缺氧，容易导致癌症和其他变异。

4. **吊扇**

家中加装吊扇不仅看起来漂亮，用起来凉爽，还能达到加速空气循环的效果，对于居家的空气品质提高有一定程度的帮助。

(八) 厨卫通风换气

厨卫公共通风换气的功能是排放浊气与潮气。从目前情况看，厨卫通风换气公共排风道尚存在一定的问题。无论是主副风道还是单独风道，其设计原理均以热压通风为基础，风道内呈负压状态。由于抽油烟机和排风扇大多数都是由住户装设，一旦运行，将改变风道的空气动力特性，由负压状态变为正压状态，导致：

(1) 同时使用时，离屋面出风口较远的厨卫排风不畅；

(2) 个别使用时，排风可能会通过公共排风道进入未开排风扇的厨卫(排风扇上的止回阀无法做到完全密闭)；

(3) 如果个别厨卫未装排风扇，则串风的情况更严重。因此，有必要通过装置排风设备(如在屋顶设置)使公共排风道内仍维持负压，以防止由于串风带来的病菌传播。

厨房等浊气的排放，应注意排风口不能靠近住户外窗，避免浊气倒灌，且与室外地面保持一定的高度。

(九) 室内环保植物(可清除污染的植物)

目前市场有各种各样的除味剂、杀毒剂。但这些产品都是采用化学的办法进行处理，其实就是找一种强氧化剂把空气中的有机物氧化掉。是否会产生二次污染，目前提供的资料还不能排除这一担心。完全的环保概念应是采用植物吸收分解的方法。已发现一些植物对不同的有害气体有不同的吸附和分解作用。

植物作用的特点是速度慢，但时间长。

一般认为绿色植物具有净化空气、杀菌吸尘、清除不同的有毒物质的功效，如有些花卉不但白天阳光照射作用下能够吸收二氧化碳，放出氧气，夜晚的灯光照射也起到这样的作用。月季、玫瑰等吸收二氧化硫；桂花等有较强的吸尘作用；薄荷对臭氧有抵抗杀菌作用；长青藤和铁树可吸收苯；万年青和雏菊可清除三氯乙烯；银苞芋吊兰、芦荟和虎尾兰可吸收甲醛。

有研究表明，在24小时照明的条件下芦荟可以消灭1m^3空气中所含的90%的醛；90%的苯在常青藤中消失；龙舌兰可吞食70%的苯，50%的甲醛和24%的三氯乙烯；垂挂兰能吞食96%的一氧化碳，86%的甲醛。

可清除污染的植物

有害物质	室内有害物质的来源	可清除污染的植物
甲醛 (Formaldehyde HcHo)	泡沫胶 夹板 木碎板 地毯 家具 衣物 纸品 洗洁精 防水剂	菊花(Chrisanthemum) 落叶杜鹃(Azaled) 万年青(Evergreen) 喜树蕉(Philodendron) 蝶花(Spider Flower) 石柑(Pothos) 棕竹(Lady Palm) 虎尾兰(Sansevieria) 沉香(Aquilaria)
苯 (Benzene)	合成纤维 塑胶 油墨 香烟 石油类 柠檬 洗洁精	菊花(Chrisanthemum) 雏菊(Daisy) 百合花(Lily) 杜鹃花(Azalea) 常春藤(Ivy) 金边虎尾兰 印度铁树
三氯乙烯 (Tirchlro EthyleneCC_2l=CHCl)	油漆 抛光剂 清漆 粘合剂 油墨	菊花(Chrisanthemum) 雏菊(Daisy) 百合花(Lily)
一氧化碳 Carbon Monoxide Co	煤气炉 石油气炉 香烟	吊兰(Spider Plant)

（十）特别提示：虚假环保、概念环保与环保工艺

虚假环保

在宣传中使用各种方式证明自己使用环保材料，但实际工程中并不使用环保材料或使用很少的环保材料，更有甚者，使用的是假环保材料。

概念环保

一种市场炒作行为，在各种环境中通过暗示、文字游戏等方式，使人误解为环保装修，实际工程中没有使用环保材料，更谈不上环保装修。

对于家装来说，环保只能是有限的环保，而没有绝对的环保。

环保工艺

目前所谓的环保工艺就是在乳胶漆里加甲醛捕捉剂或把板材加热使甲醛挥发等等，这些手段并不能从根本上解决环保问题，所以不能算是真正的环保工艺，这只是部分公司的炒作行为。

十八、相 关 链 接

（一）复合地板的环保性

1. 选复合地板看好 “十环” 标志

一般来说强化复合木地板所选用的基材多为中、高密度纤维板或刨花板，这些木制材料在制造过程中采用的胶粘剂以甲醛系粘胶剂为主，因此在正常使用过程中，如果释放量过高，就会对室内空气环境造成污染。在购买地板时，要选用具有“十环”标志的环保认证产品。

2. 配料、 辅料暗藏环保 “杀手”

人们普遍认为，只有地板本身才会释放出甲醛，但在实际安装过程中，要使用大量的地板胶，地板胶能在地板块连接处形成胶膜，有效锁住地板中游离的甲醛。随之而来的问题是，地板胶本身的环保成为选用地板胶的主要衡量指标。现在购买强化地板，地板商提供免费送货安装，地板胶都是随地板赠送的。鉴于环保、防潮的优质地板胶价格昂贵，很多小作坊式的商家往往选用便宜的普通胶，甚至是价格更加低廉的劣质胶，这类不环保的胶水无法保证其品质，却能在商家“品牌专用”和“全包价”的幌子下顺理成章地进入消费者家庭，从而带来家庭环保隐患。

作为强化复合木地板的主要配料，踢脚板也是暗藏的环保“杀手”。因为大多数木制踢脚板在生产过程中同样选用甲醛系粘胶剂进行胶合、贴面或上漆，而且，踢脚板的表面无法做到像地板表面一样致密，基材中的游离甲醛很容易肆无忌惮地释放出来。就像地板胶一样，市场上的踢脚板往往被各地板商冠以“专用”称号。

3. 地板垫要注意抗菌防腐

人们对于踢脚板、地板胶、地板垫等的质量问题往往一带而过，甚至漠不关心，殊不知，这些地板的配件和辅料也有可能因为非环保而暗藏杀机。

复合强化地板在安装过程中，会在地面和地板之间铺设地板垫。在这个狭小的、被人遗忘的空间里，很容易滋生各类细菌，往往成为家庭环保的死角，不但危害家人健康，而且会危及地板本身的使用。所以，选用具有抑菌、抗菌、防腐功能的地板垫，是保证地板全面环保的重要一环。

4. 耐磨性

对于耐磨性，一般检测结果在6000转以上的地板适合家庭使用，9000转以上的适合公共场所使用。但市场上有些强化木地板经检测其耐磨转数低至3000转，也标明是超强耐磨地板，应予注意。购买时虽然没有仪器设备，但仍可以通过简单的测试方法鉴别复合木地板。为了测试复合木地板的耐磨性，可以用108号砂纸用力来回打磨10～20次，如果出现花纹破损，属于无耐磨层的不合格地板；如果打磨20～40次，花纹出现明显破损，则属于低劣耐磨层地板。

5. 封闭处理

进行强化木地板的净化和封闭处理，目前市场上有一些消除和封闭甲醛的产品，在装修的同时配合使用效果最好。用强化木地板装修后，如室内温度较高时，应尽量多开窗透气；用暖气时可装些水放于居室内，既可调节室内湿度，又可吸收室内甲醛。

6. 合理确定使用量

在计算出单位面积复合地板释放甲醛气体质量的基础上，再依据国家标准《居室空气中甲醛气体的卫生标准》，计算出每百立方米的空间中，某种强化复合木地板最高允许使用的面积或使用量。也就是说，甲醛气体释放量的高低，一定程度上影响着地板铺装面积的大小。即甲醛释放量越高，铺装的面积就越小。国家标准甲醛浓度最高极限为0.08mg/m^3，超出使用面积可对人体健康带来一定危害。

（二）瓷砖与石材的放射性

1. 瓷砖的放射性

现代都市中放射性污染几乎无处不在，玻璃、陶瓷、建筑材料等不同程度存在放射性物质。瓷砖主要是由黏土、砂石、矿渣或工业废渣和一些天然助料等材料成型涂釉经烧结而成。由于这些材料的地质历史和形成条件的不同，或多或少存在着放射性元素，特别是瓷砖表面的釉料中，含有放射性较高的的锆铟砂，虽然瓷砖的烧成温度大多在 1100～1300℃，但是并不能消除这些物质的放射性，其放射性高低决定于材料和釉子中的放射性，而各地各品种瓷砖放射性有差异。

我们的身体对放射性的承受能力有一定限度，过度了则有可能引起不适和病变。所以说，放射性物质超过一定标准就一定会造成危害，特别是儿童、老人和孕妇的身体健康。

2. 石材的放射性

一般来说石材分为大理石、花岗石，大理石放射性比花岗石小。根据石材的颜色简单判断辐射的强弱，红色、绿色、深红色的超标较多，如杜鹃红、印度红、枫叶红、玫瑰红等超标较多。

我国的《天然石材产品放射性防护分类控制标准》，按天然石材的放射性水平，把天然石材产品分为 A、B、C 三类：

A 类，可在任何场合使用，包括写字楼和家庭居室；

B 类，放射性程度高于 A 类，不可用于居室的内饰面，但可用于其他一切建筑物的内、外饰面；

C 类，放射性程度高于 A、B 两类，只可用于建筑物的外饰面。超过 C 类标准控制值的天然石材，仅可用于海堤、桥墩和碑石等其他用途。

（三）涂料的安全标准

涂料中的有害物质主要是 VOC（挥发性有机化合物成分），众所周知，VOC 对人体健康有巨大影响。当居室中的 VOC 达到一定浓度时，短时间内人们会感到头痛、恶心、呕吐、乏力等，严重时会出现抽搐、昏迷，并会伤害到人的肝脏、肾脏、大脑和神经系统，造成记忆力减退等严重后果。

经过资料证明和计算，全世界涂料和装修工业每年把 1100 万吨有机溶剂排到大气中，是仅次于汽车尾气的大气第二大污染源，会造成光化学污染，形成温室效应，对人们造成的危害是长久的，并不是微乎其微的。因此，涂料的安全标准十分关键。我国目前的涂料国家标准是 VOC 的限量是 200g/L。

目前，欧美涂料厂家的 VOC 早就控制在 50g 以下，适用儿童使用的涂料，其 VOC 限量更是几乎为 0。

欧共体生态标志产品——色漆和清漆生态标准(欧共体——1999/10/EC)中VOC限量规定，一类(亚光类)是30g/L，二类(有光类)是200g/L；美国的VOC不管是溶剂型还是水性，内部装饰性涂料的标准为150g/L以下。

我国2002年的环境标志标准规定内墙涂料VOC小于或等于100g/L。国家环保总局最新发布的水性内墙涂料环境标志产品认证要求也规定，VOC的限量是100g/L；《北京市室内装饰装修涂料安全健康质量评价规则》，VOC要求也是在125g/L以下。

所谓“环保无苯油漆”，其本身不含苯却含有二甲苯，对人体仍有极大危害。

此外，内墙涂料中VOC含量，世界各国的定义指1L涂料中扣除水分干重时的VOC含量，而国标在VOC指标测定时没有扣除水分，国标中VOC200g/L的指标相当于国外标准的410g/L以上。我国目前的涂料国家标准对VOC的限量并不严格。因此，在选购涂料时，一定要查看涂料是按照什么标准生产的，在使用中尽可能做到通风换气，确保安全。

目前室内装饰涂料主要有两种类型：一种是墙面装饰漆，另一种是木器装饰漆。目前国内使用的墙面装饰漆有乳胶漆、聚乙烯醇类涂料等；木器漆主要使用硝基漆、聚氨醋漆、环氧树脂漆、水性木器漆等，其中环氧树脂漆主要用于地板涂装。建筑物内墙涂料一般是水性涂料称为乳胶漆；它是苯乙烯、(甲基)丙烯酸酯等的乳液共聚得到的胶乳和其他各种助剂、填料、颜料的分散、研磨混合物，溶剂主要是水，闻到气味主要是因为其中未反应完全的单体添加的有机挥发成分的成膜助剂、防霉剂、润湿分散剂等的味道。

尽管乳胶漆是水性的、低VOC的相对环保的涂料品种，但防霉杀菌剂等有机助剂成分和单体仍然有一定毒性，需谨慎使用。

油漆中含有的主要有毒物质是苯、甲苯、二甲苯，属于芳香烃类，均为无色透明液体，是有毒性的刺激性溶剂，人一时不易察觉其毒性。苯已被世界卫生组织确定为致癌物质，对眼睛、皮肤和上呼吸道有刺激作用，长期吸入能导致再生障碍性贫血(血癌)，女性对苯的危害较男性敏感，对生殖功能亦有一定影响，可导致胎儿先天性的缺陷。

卧室及客厅应慎用防霉杀菌的乳胶漆，因为其有机助剂成分含有一定毒性。

涂料市场上有所谓的“环保无苯油漆”，其本身不含苯，但普遍含有甲苯、二甲苯。甲苯和二甲苯与苯一样，对人体也有极大危害，容易诱发白血病。特别对于儿童，容易产生更大的影响，儿童有80%的时间待在室内，抵抗力弱于成年人，患上白血病的几率更大。